Andreas Knipping
Reinhard Schulz

Reichsbahn hinter der Ostfront

1941–1944

Andreas Knipping
Reinhard Schulz

Reichsbahn hinter der Ostfront

1941–1944

transpress

Einbandgestaltung: Andreas Pflaum

Titelbild: H. J. Bandelow, Berlin:
»Lokomotiven im Osten«
Freigegeben Presseabteilung der Reichsregierung im Reichsministerium für Volksaufklärung und Propaganda – Bildpresse – i. A. gez. Kurzbein,
Frei OKW (Heer), Versen, Major
Im tiefsten Winter standen diese beiden Personenzuglokomotiven der Reihe 38^{10} (preußische P 8) in einem der mehr als 150 in der Sowjetunion eroberten und für den Besatzungsbetrieb nutzbar gemachten Bahnbetriebswerke.

Rücktitel:
H. J. Bandelow, Berlin: »Auf einem Verschiebebahnhof im Osten«
Freigegeben durch OKW (Heer) und Presseabteilung der Reichsregierung am 8. 3. 43
Mit Truppentransporten dicht belegt ist dieser winterliche Bahnhof. Auf dem Gleis links erkennt man einen umgespurten und mit Reichsbahnnummer versehenen sowjetischen Zweiachser und anschließend Wagen mit Kraftfahrzeugen, von denen einige einen weißen Anstrich zur Tarnung im Winter erhalten haben. Rechts führt 38 3721 mit Schneeräumer einen Transport mit wenigen Abteilwagen für die Soldaten und zahlreichen Rungenwagen für Fahrzeuge, Waffen und sonstige Ausrüstung.

ISBN: 3-613-71101-X

Ein Unternehmen der Paul Pietsch Verlage GmbH + Co.
1. Auflage 1999

Lektorat: Claus-Jürgen Jacobson
Innengestaltung: Viktor Stern
Druck: Röhm GmbH, 71060 Sindelfingen
Bindung: Karl Dieringer, 70839 Gerlingen
Printed in Germany

Vorwort

Das vorliegende Buch nimmt für sich nicht in Anspruch, eine Geschichte des Eisenbahnwesens im Zweiten Weltkrieg oder auch nur im deutsch-sowjetischen Krieg der Jahre 1941 bis 1945 zu liefern. Vielmehr ging es Verfassern und Verlag darum, der Öffentlichkeit einen in unsere Zeit herübergeretteten und bislang unbekannten bemerkenswerten Bestand an hochwertigen Fotografien vom Bahnbetrieb hinter der deutschen Ostfront zugänglich zu machen, die mit ihrem dokumentarischen Wert eine Präsentation in geschlossener Form und mit sorgfältiger Kommentierung verdienen.

Die Aufnahmen stammen sämtlich aus dem »Bildarchiv Pressedienst Reichsverkehrsministerium«. Sie sind zumeist von Berufsfotografen der Deutschen Reichsbahn bzw. der Filmstelle des Reichsverkehrsministeriums gefertigt worden, die auch vor und nach dem Zweiten Weltkrieg für die Eisenbahn tätig waren. Einige Fotos stammen auch von anderen Behörden oder Organisationen wie z.B. dem Reichsarbeitsdienst oder von Pressefotografen.

Von der Bildqualität her sind die Aufnahmen Welten entfernt sowohl von den Amateurfotos von Soldaten und Eisenbahnern, die damals meist allenfalls einfache kompakte Kameras mitführen konnten und selten über gutes Filmmaterial verfügten, als auch von den Kleinbildfotos der regelmäßig in großer Eile arbeitenden Kriegsbildberichterstatter. Gute Eisenbahnfotos aus dem Zweiten Weltkrieg sind seltener als aus dem Ersten: Die aus dem Ersten Weltkrieg überlieferte hochwertige fotografische Dokumentation des Kriegsalltages durch Offiziere und Beamte aufgrund eigener Initiative blieb im Zweiten Weltkrieg aus. Stative und Plattenkameras paßten nicht ins Gepäck des Bewegungskrieges. Die Funktion der Foto-Ansichtskarte als zentrales Bildmedium war hinter Film und Presse zurückgetreten. Im übrigen galten Panzer und Flugzeuge im Vergleich zur Dampflokomotive als dynamischere Bildmotive des modernen Krieges.

Aufgabe der gut ausgerüsteten, fachkundigen und mit umfassender Genehmigung tätigen Reichsbahnfotografen war es zum einen, Tageszeitungen, Illustrierte oder Bildagenturen zu bedienen. Es scheint Ministerium und Reichsbahn aber auch darum gegangen zu sein, die Leistungen der Eisenbahn und der Eisenbahner im »Ostfeldzug« und die Arbeits- und Betriebsbedingungen »im Osten« über den Tag hinaus zu dokumentieren. Obwohl die Fotos keine direkten Bezüge zu typischen Inhalten der nationalsozialistischen Propaganda aufweisen, vermitteln sie durchaus eine von dieser Propaganda in Auftrag gegebene – und nach dem Krieg immer noch allzu gern geglaubte – Botschaft: Der deutsche Eisenbahner und der deutsche Soldat erbringen höchste Leistungen. Die Probleme sind riesig, aber sie werden durch Improvisationskunst, schwerste Arbeit und größte Opferbereitschaft gemeistert. Der Tod ist das Schicksal deutscher Helden, Zerstörung und Terror gehen auf das Konto der Partisanen.

Nur unter Aspekten von Ästhetik und technischer Faszination betrachtet und nur mit eisenbahngeschichtlicher Präzision kommentiert, würden die aneinandergereihten Fotos vom disziplinierten und mühseligen Bahnbetrieb im fremden Land die Legende vom »anständigen Krieg« nähren, dessen Andenken von den Absichten Hitlers und von den vermeintlich streng geheimen Verbrechen eines kleinen Kreises von SS-Schergen nicht belastet sein soll. Von dieser Legende sind auch die wichtigsten Bücher[1] über die deutschen Eisenbahnaktivitäten im Zweiten Weltkrieg inspiriert, die über hunderte von Seiten hinweg »die Leistungen der deutschen Eisenbahner« feiern und an der gesamten Kriegsführung nur diejenigen Befehle und Maßnahmen kritisieren, die den Soldaten und Eisenbahnern die Erfüllung ihrer Aufgaben erschwerten. Die Auseinandersetzungen anläßlich einer Ausstellung über Verbrechen der Wehrmacht ließen 1997/98 mit erschreckender Deutlichkeit erkennen, wie groß das Interesse an der Verfestigung des Märchens vom »ehrenhaften Waffengang« immer noch ist.

So sei denn, gerade weil es die Bilder *nicht* zeigen, hier im Vorwort, in der historischen Einführung und bei Bedarf in den Bildtexten daran erinnert, daß auch der Bahnbetrieb »im Osten« vom ersten bis zum letzten Tage einem verbrecherischen Unternehmen diente. Massenmord war nicht ungewollte Begleiterscheinung, sondern Zweck des »Ostfeldzuges«. Noch bevor der erste deutsche Soldat die im Hitler-Stalin-Pakt vereinbarte Demarkationslinie überschritten hatte, waren in Berlin Mordbefehle gegen Millionen Juden und Kriegsgefangene ausgegeben worden, die sofort nach dem Beginn des Feldzuges am 22. Juni 1941 mit brutaler Konsequenz verwirklicht wurden.

Daß der einzelne Feldeisenbahner oder Soldat von Umfang und Systematik der Untaten wußte oder daß er die Möglichkeit hatte, das Mordgeschehen aufzuhalten, wird nicht behauptet. Zur Bewertung historischer Regime, zu Schuld und Belastung von Regierungen, Völkern, Generationen und Individuen hat dieses Buch nichts Neues beizutragen, es hat aber auch nicht im Interesse ungetrübter Eisenbahnfreude Bekanntes zu verschweigen. So mögen denn die Texte des Buches weder als wohlfeile Anklagen noch als rituelle antifaschistische Bekenntnisse verstanden werden, sondern als notwendige Auseinandersetzung mit stummen Zeitzeugnissen.

Schon die Begriffswahl verlangt kritischen Umgang mit Überlieferungen. Für die Sowjetunion suggerierte ab 1941 eine – im Rückblick auf den Krieg in gewissem Maße bis heute wirksame – deutsche Sprachregelung die anonymisierende Bezeichnung »Osten«, die den Gedanken an *Länder* mit einer eigenen Geschichte, an ganz verschiedene *Völker*, an anderer Leute *Heimat* beiseiteschiebt und gemäß nationalsozialistischer Absicht die Vorstellung von einem eigentlich leeren und erst zu strukturierenden »Raum« erweckt. Nach 1945 gebrauchte man den Begriff »Rußland« weitgehend synonym mit der Staatsbezeichnung »Sowjetunion«. Erst nach deren Auflösung erwachten die baltischen Länder, die Ukraine und Weißrußland in der Wahrnehmung des Westens wieder zu eigener Realität, entdeckte man auf den Landkarten wieder das 1939 sowjetisch besetzte Ostpolen und die 1940 sowjetisch gewordenen rumänischen Gebiete Nordbukowina und Bessarabien.

[1] Die Werke von Kreidler und Pottgießer, nähere Angaben siehe Literaturverzeichnis

Irreführend war auch die in den früheren »sozialistischen Ländern verordnete Sprachregelung, die alle Uniformträger von der Wehrmacht bis zum Reichsarbeitsdienst und von lettischen SS-Freiwilligen bis zu königlich rumänischen Truppen unter der Sammelbezeichnung »Faschisten« zusammenfaßte – und in einer letztlich auch für echte Täter sehr bequemen Weise anonymisierte.

Für eingehende Beratung bei der Auswertung der Fotos und der Abfassung der Texte danken wir Stephan Beständig, Alfred B. Gottwaldt, Peter Schricker, Heribert Schröpfer, Heinz Skrzypnik und Hansjürgen Wenzel. Mit wertvollem Material unterstützte uns die Pioniergeschichtliche Lehrmittelsammlung der Bundeswehr, vertreten durch Stabsfeldwebel Krug.

Die Aufnahmen des Buches stammen, soweit nicht anders angegeben, aus der Sammlung Reinhard Schulz, die Texte von Andreas Knipping.

Eichenau und Köln im April 1998
Andreas Knipping
Reinhard Schulz

So einfach sahen oft die sowjetischen Güterwagen und ihre Beschriftungen aus: Auf ziemlich rohem Holz sind die Initialien der Sowjetunion, das Staatssymbol Hammer und Sichel und das Zeichen der größten Bahnverwaltung der Welt, Hammer und Schraubenschlüssel, aufgemalt.

Inhalt

Wie die Reichsbahn nach Rußland kam

Am 22. Juni 1941 griff die deutsche Wehrmacht zusammen mit rumänischen Truppen auf einer breiten Front von der Ostsee bis zum Schwarzen Meer die Sowjetunion an. Der blutigste und folgenreichste Konflikt zwischen zwei Völkern oder Staaten in der ganzen Weltgeschichte hatte begonnen. Er sollte über die Ukraine, Weißrußland, Litauen, Lettland, Estland und große Gebiete Rußlands ein jahrelanges Besatzungsregime von beispielloser Grausamkeit bringen, mindestens 30 Millionen Todesopfer kosten, Mittel- und Osteuropa in unvorstellbarem Maße verwüsten, die Sowjetarmee in die Mitte Deutschlands holen, die deutschen Siedlungsräume nicht wie geplant maßlos erweitern, sondern auf Dauer radikal verkleinern und den russischen bzw. kommunistischen Machtbereich für lange Zeit bis über die Elbe ausdehnen.

Deutschland und Rußland – eine wechselvolle Beziehung

Die Beziehungen zwischen Deutschen und Russen hatten nicht geradlinig auf eine solche Konfrontation hingeführt. Preußische bzw. österreichische Monarchen waren in den europäischen Kriegskoalitionen der vergangenen Jahrhunderte Verbündete wie auch Gegner der russischen Zaren gewesen. Die deutsche Kultur hatte in Rußland großes Ansehen genossen. Siedler aus dicht besiedelten deutschen Regionen hatten mit überlegener landwirtschaftlicher Methodik und handwerklicher Kunst Inseln des Wohlstandes in Rußland geschaffen. Deutsche wurden mit Heeres- und Verwaltungsreformen betraut und als Erzieher des Adelsnachwuchses ins Land geholt. Eine deutsche Fürstentochter wurde eine der bedeutendsten Herrscherinnen über das Zarenreich. Rußlands neuerbaute Hauptstadt erhielt einen deutschen Namen: Sankt Petersburg. Umgekehrt waren russische Musik und Literatur in Deutschland wie überall in Europa berühmt,

Das erste Bild des Buches ist auch schon das Abschiedsbild von einem (aus späterer Sicht paradiesischen) Friedenszustand: Eydtkuhnen war der östlichste Bahnhof Preußens und des Deutschen Kaiserreiches und bis 1914 der wichtigste Grenzübergang zum Zarenreich. Hier auf knapp halbem Wege zwischen Berlin und St.Petersburg mußten die Fahrgäste wegen des Wechsels der Spurweite umsteigen. 28 Stunden dauerte die 1637 km lange Reise nach dem letzten Friedensfahrplan.
Aufnahme: Sammlung Andreas Knipping

russische Adelige waren geschätzte Gäste in deutschen Heilbädern.

Mit den Teilungen Polens zwischen Preußen, Österreich und Rußland begann 1793 eine lange Phase deutsch-russischer Kooperation zu Lasten kleinerer Völker. Die Teilnahme deutscher Soldaten an Napoleons erfolglosem Feldzug nach Moskau wurde nach der Waffenbrüderschaft zwischen Deutschen und Russen in den Befreiungskriegen gegen Napoleon in den Jahren 1812 und 1813 schnell vergessen. Das Völkerschlachtdenkmal in Leipzig, das an dieses Bündnis erinnerte, sollte nach 1871 einer der hochaufgemauerten Eckpfeiler der nationalen Selbstinszenierung des Kaiserreichs werden.

Im weiteren Verlauf des 19. Jahrhunderts nach dem Ende der Ära Napoleon wurde das preußisch-österreichisch-russische Machtkartell zu einem bestimmenden Faktor bei der Niederhaltung nationaler und liberaler Tendenzen in Mittel- und Osteuropa. Das beginnende Zeitalter der Technik gab der deutsch-russischen Zusammenarbeit neue Betätigungsfelder: Borsig und Schwartzkopff bauten Lokomotiven für Rußlands Bahnen, die deutsche Industrie bezog russische Rohstoffe, russisches Getreide half die Ernährung der ab 1870 schnell wachsenden deutschen Bevölkerung sicherzustellen.

Nicht zuletzt ist an die verwandschaftlichen Beziehungen zwischen dem preußischen Königs- und deutschen Kaiserhaus der Hohenzollern und der Zarendynastie der Romanows zu erinnern.

Von einer »Erbfeindschaft« zwischen Deutschen und Russen, wie sie etwa zwischen Deutschland und Frankreich beschworen wurde, konnte also keine Rede sein. Allerdings gehörte zu den gängigen nationalistischen Klischees der Kaiserzeit neben der Verachtung der vermeintlich »unernsten und faulen« romanischen Völker auch der selbstgefällige Vergleich des »edlen« deutschen Nationalcharakters mit der angeblichen kulturellen Wüste in den Ländern der »naturverhafteten« und »blutgierigen« Slawen.

Daß Deutschland und Rußland 1914 zu Weltkriegsgegnern wurden, lag nicht an Konflikten zwischen den beiden Reichen. Unmittelbar ursächlich hierfür waren vielmehr Bündnisverpflichtungen Rußlands gegenüber Serbien und Deutschlands gegenüber Österreich-Ungarn. In drei Jahren erbitterter Kämpfe ging es beiden Seiten letztlich um das Gleiche: Um den Fortbestand unzeitgemäßer Monarchien und um die Beherrschung kleinerer Völker vom Baltikum über Polen bis Rumänien.

Rußland erzielte im August 1914 sofort Erfolge gegen das zunächst in Belgien und Frankreich vordringende Deutschland und gegen Österreich. Aus Ostpreußen konnte die zaristische Armee nach der »Schlacht bei Tannenberg« wieder vertrieben werden. 1915 wurde sie mit deutscher Hilfe auch aus dem österreichischen Galizien zurückgedrängt. Ebenfalls 1915 eroberten deutsche Armeen Russisch-Polen und Litauen.

Das Deutsche Reich als Geburtshelfer und harter Vertragspartner Sowjetrußlands

1917 zeigten die Völker des Zarenreiches immer deutlichere Kriegsmüdigkeit. Im März kam es zur Revolution. Bürgerliche und gemäßigt linke Parteien erkämpften den Weg zu einer Demokratisierung Rußlands. Der Zar dankte ab. Das neue Regime zeigte jedoch keine Neigung, den Krieg schnell zu beenden. Dies war vielmehr das Programm der vom Schweizer Exil aus gesteuerten linken »Bolschewiki«.

Es kam nun zu einem der kuriosesten »Geschäfte« der Weltgeschichte: Die erzkonservative, jeder Form von Sozialismus zutiefst abgeneigte Oberste Heeresleitung des Deutschen Kaiserreiches verfiel auf den kühnen Gedanken, dem Führer der russischen Kommunisten W. I. Lenin die Reise von Zürich nach Petrograd zu gestatten, um ihm dort den kriegsbeendenden Umsturz zu ermöglichen. Hierdurch hoffte die deutsche Führung, dem immer bedrohlicheren Zangengriff des Zwei-Fronten-Krieges zu entkommen.

Am 9. April 1917 betrat Lenin mit 31 weiteren russischen Emigranten im badischen Grenzbahnhof Gottmadingen deutschen Boden. Am 12. April kam der militärisch eskortierte Sonderzug in Saßnitz an, wo die Reisenden aufs Fährschiff nach Schweden umstiegen. Am 16. April trafen sie in Petrograd ein. Die Rechnung der deutschen Machthaber ging auf: Am 8. November desselben Jahres (nach alter russischer Zeitrechnung am 26. Oktober) rissen die Bolschewiki unter Lenins Führung die Macht in Rußland an sich. Bereits am 15. Dezember 1917 unterschrieb die neue Regierung des vom Kriege zerrütteten Landes mit den Mittelmächten einen Waffenstillstand, der einer Kapitulation gleichkam.

In den darauffolgenden Friedensverhandlungen erhoben Deutschland und Österreich-Ungarn weitrei-

Die 1916 abgestempelte Feldpostkarte zeigt den Bahnhof Brest-Litowsk, der in diesem Buch noch mehrfach gezeigt werden wird. 1918 wurde in dieser Stadt der Frieden zwischen dem Kaiserreich und dem revolutionären Rußland unterzeichnet, 1939 wurde sie aufgrund des Hitler-Stalin-Paktes sowjetisch, der Bahnhof wurde wichtigster Grenzübergang zwischen den beiden Diktaturen. 1941 überschritt die Wehrmacht die neue Grenze; unzählige Soldaten in der einen und Gefangene in der anderen Richtung fuhren fortan durch den Schicksalsbahnhof Brest-Litowsk in ein jeweils fremdes Land, das ihnen die unterschiedlichsten Schicksale bereiten sollte.
Aufnahme: Sammlung Andreas Knipping

chende Forderungen: Russisch-Polen, Litauen, Lettland, Teile von Estland, die Ukraine und Weißrußland sowie auch das 1916 von deutschen Truppen niedergeworfene Rumänien sollten bei formeller Selbständigkeit künftig dem deutschen bzw. österreichischen Machtbereich angehören. Als nach einem Separatfrieden mit der Ukraine vom 9. Februar 1918 die Verhandlungen mit Sowjetrußland scheiterten und die ukrainische Regierung um Hilfe gegen die Bolschewiken ersuchte, überschritten deutsche Truppen am 18. Februar die Waffenstillstandslinie. Sie konnten, da sie auf keinen nennenswerten Widerstand mehr stießen, für ihren Vormarsch weithin die Bahnstrecken benutzen. Die Besetzungsaktion ging daher als »Eisenbahnkrieg« in die Geschichte ein. General Groener, der damalige Chef des Feldeisenbahnwesens, erinnerte sich[1]: »Die militärische Aufgabe erwies sich bei dem Ukraine–Unternehmen als die leichteste. Mit verhältnismäßig wenig Truppen wurde das weite Land rasch und ohne großen Widerstand besetzt. Die deutschen Truppen gingen auf Eisenbahnen vor, improvi-

---

[1] Wilhelm Groener, Lebenserinnerungen, Göttingen 1957, S. 386

Reger Betrieb herrscht in diesem russischen Bahnhof gegen Ende des Ersten Weltkrieges. Allein drei Güterzuglokomotiven der Reihe O sind erkennbar. Nur wenige deutsche Kreidebeschriftungen auf den Wagen verraten, daß der komplett mit russischem Material auf Breitspur durchgeführte Personen- und Güterverkehr unter deutscher Regie steht.
Aufnahme: Sammlung Andreas Knipping

sierten mit großem Geschick Panzerzüge, mit denen sie die Bolschewiken vor sich her jagten. Da zu wenig Eisenbahnpersonal vorhanden war, mußten die Soldaten selbst lernen, mit den Eisenbahnen umzugehen, und sie lernten es überraschend schnell; sie luden selbst ein und aus, bauten Rampen, stellten ausgerissene Gleise und zerstörte Brücken wieder her. Sie stießen mit kleinen Abteilungen durch den Feind hindurch an der Bahnlinie entlang, hinter sich den Feind, nur die Bahn notdürftig besetzt… Binnen zweieinhalb Monaten war ein Landgebiet in unserer Hand, größer als Deutschland«

Am 3. März 1918 mußte die Sowjetregierung in Brest-Litowsk den Frieden gemäß den deutschen Bedingungen unterschreiben. Bis dahin waren die deutschen Armeen bis zu einer Linie Pskow (Pleskau)–Witebsk–Orscha–Mogilev–Gomel–Kursk–Rostow vorgedrungen. Im April und Mai 1918 rückten sie ungeachtet des Vertrages weiter bis Georgien und auf die Krim vor. Über der Erinnerung an Hitlers Rußlandfeldzug wurde später fast vergessen, daß ein großer Teil der ab 1941 okkupierten Gebiete bereits 23 Jahre zuvor eine deutsche Besetzung erlebt hatte – freilich ohne die Elemente von Vernichtungskrieg und Völkermord.

Mehrere deutsche, schwedische und schweizerische Hersteller bauten Anfang der zwanziger Jahre insgesamt 1200 kräftige Fünfkuppler der Reihe Э für die Sowjetische Staatsbahn. So manche sollte ab 1941 unter deutsche Herrschaft geraten. *Aufnahme: Sammlung Andreas Knipping*

Die Rohstoffe und Nahrungsmittel der 1918 eroberten Gebiete trugen mit dazu bei, daß Deutschland im Westen noch einige Monate standhalten konnte. Der so unwirklich leichte Feldzug von 1918 sollte bei der Planung des Unternehmens von 1941 noch eine verhängnisvolle Rolle spielen: Besonders Hitler war davon überzeugt, die Bolschewiken militärisch nicht ernst nehmen zu müssen und zitierte die alte Formel von Rußland bzw. der Sowjetunion als dem »Koloß auf tönernen Füßen«.

Wer später von deutscher Seite die Härte der Friedensbedingungen von Versailles beklagte, hätte sich an das Diktat von Brest-Litowsk erinnern sollen: Hier war der »Frieden als Fortsetzung des Krieges mit anderen Mitteln« beispielhaft vorexerziert worden. Zugleich war Brest-Litowsk ein Exempel für den »modernen« Unterwerfungsfrieden, der sich nicht mit der Übernahme von Grenzfestungen und der Annexion strategisch wichtiger Gebietsstreifen aufhielt, sondern auf lange Sicht die Ausbeutung ganzer Wirtschaftsräume sicherstellte. Spätestens seit Kriegsbeginn hatten die »alldeutschen« Militärs und Industriellen neben Annexionen in Belgien und Nordfrankreich mit Nachdruck ein deutsches Ostimperium angestrebt, das dem Reich künftig alle wirtschaftlichen Sorgen nehmen sollte.

Die Niederlage des deutschen Reiches im Westen ließ den Frieden von Brest-Litowsk vom März 1918 noch im selben Jahr zu Makulatur werden. Wenig später aber kämpften versprengte Verbände der kaiserlichen Armee und »Freikorps« aus ehemaligen deutschen Frontsoldaten Seite an Seite mit westalliierten Truppen gegen die Bolschwisten: Der sowjetische Bürgerkrieg hatte begonnen – und der antijüdisch-antislawisch-antibolschewistische Feldzug rechtsextremer deutscher Fanatiker, der gut zwei Jahrzehnte später Millionen unschuldige Opfer fordern sollte.

Von Rapallo zum Hitler-Stalin-Pakt: Wechselbäder der deutsch-sowjetischen Beziehungen

Als die Oberste Heeresleitung unter Ludendorff und Hindenburg 1917 Lenin nach Rußland reisen ließ, ahnte sie nicht, daß der revolutionäre Funke keine zwanzig Monate später nach Deutschland überspringen würde. Im November 1918 wehte die rote Fahne auch auf den Schiffen der kaiserlichen Marine und auf den Regierungsgebäuden in Berlin. Für Jahrzehnte wurde nun die »rote Gefahr aus dem Osten« zur Lieblingslegende der deutschen Rechten. Daß die deutsche Staats- und Gesellschaftsordnung 1918 selbst genügend revolutionären Zündstoff barg, übersah man bei der Vorstellung einer – unter angeblicher Vermittlung eines »internationen Judentums« – heimtückisch nach Deutschland exportierten Revolution sehr gerne.

Die Feindbilder der Nationalisten und Militaristen konnten nicht verhindern, daß die aus dem Bürgerkrieg hervorgegangene Sowjetunion und das Deutsche Reich alsbald gemeinsame Interessen erkannten: Beide Staaten, das kommunistische Riesenreich genauso wie die in Versailles unnötig gedemütigte Weimarer Republik, waren auf internationaler Ebene geächtet. Die Sowjetunion war auf Handelsbeziehungen mit dem kapitalistischen Ausland dringend angewiesen. Die deutsche Lokomotivindustrie konnte 1920 einen in der weltweiten Nachkriegsrezession unschätzbaren sowjetischen Auftrag über nicht weniger als 700 Güterzuglokomotiven verbuchen.

1922 schlossen Deutschland und die Sowjetunion im italienischen Rapallo ein umfassendes Abkommen über die Bereinigung von Kriegsfolgen, die diplomatischen Beziehungen und den Handel zwischen beiden Staaten. Schon vorher hatte eine geheime militärische Zusammenarbeit begonnen: Die der Weimarer Republik zugestandene, auf 100 000 Mann beschränkte Reichswehr durfte in den Weiten Rußlands Übungen mit friedensvertraglich verbotenen Waffengattungen abhalten, während die Rote Armee Waffen aus Deutschland bezog. Die kuriose Zusammenarbeit von 1917 zwischen monarchistischer deutscher Armeeführung und weltrevolutionärem Kommunismus hatte ihre Fortsetzung gefunden. Für die deutsch-sowjetische Partnerschaft mag auch der Umstand eine Rolle gespielt haben, daß man einen gemeinsamen außenpolitischen Gegner erkannt hatte: Wie schon mehr als hundert Jahre zuvor gab es zwischen Deutschen und Russen wieder einen polnischen Staat. Er reichte im Westen in deutsches, im Osten in ukrainisches und weißrussisches Siedlungsgebiet hinein. Seine Grenzen, letztlich aber auch seine Existenz, wurden von beiden großen Nachbarn nicht akzeptiert.

Ab 1933 waren die Haßphantasien von einer bolschewistisch-jüdischen Weltverschwörung und ihrer Schuld an Niederlage und Umsturz von 1918 in Deutschland Staatsdoktrin, der Verfasser der in »Mein Kampf« formulierten östlichen Lebensraumpläne bestimmte nun die Politik des Reiches. Um so mehr überraschten Hitler und Stalin am 23. August 1939 die Welt mit dem Abschluß eines Nichtangriffspaktes. Dieser war verbunden mit einem geheimen Zusatzprotokoll, das Osteuropa vom Baltikum bis Rumänien in »Interessensphären« aufteilte.

Die Kommunisten in aller Welt stürzten in tiefe Ratlosigkeit, hatte ihnen doch das »Vaterland der Werktätigen« als Zentrum des internationalen Kampfes gegen Faschismus und Krieg und als unbeugsamster Bundesgenosse gegen Hitler gegolten. Sehr schnell zerschlugen sich Illusionen, daß Stalin etwa nur zur Vermeidung einer Einkreisung der Sowjetunion einen taktischen Winkelzug ausgeführt habe, der an der grundsätzlichen antifaschistischen Orientierung Moskaus nichts ändern würde. Nein: Auch in der Sowjetunion selbst endete schlagartig jede antifaschistische Propaganda; deutsche und österreichische Emigranten wurden von einem Tag auf den anderen von Helden des proletarischen Internationalismus zu unerwünschten Ausländern herabgestuft, nicht wenige sogar an die Gestapo ausgeliefert. Stalins Sowjetunion war längst nicht mehr das Mutterland einer Revolution, die den Arbeitern der Welt Befreiung von Ausbeutung und Hunger versprach, sondern eine auf schrankenlose geheimpolizeiliche Willkür und zynischen Justizterror gestützte Diktatur mit deutlichen Zügen eines riesenhaften Arbeitslagers.

Der deutsche Angriff auf Polen begann nur eine Woche nach dem Abkommen am 1. September 1939. Polen wurde nach makaberster imperialistischer Tradition geteilt. Weite Gebiete im Westen und Norden des Landes wurden ins Reichsgebiet eingegliedert, Zentralpolen wurde als »Generalgouvernement« unter einen halbkolonialen Status gestellt, der Ostteil von der Sowjetunion annektiert. 1940 brachte die Sowjetunion auch alle anderen Gebiete östlich der mit Hitler vereinbarten »Interessengrenze« an sich, das bedeutete die Annexion Estlands, Lettlands, Litauens und der nordöstlichen Teile Rumäniens. Ein umfassendes Handelsabkommen sorgte dafür, daß russisches Öl Hitlers Kriegsmaschine im Frankreichfeldzug schmierte und russisches Getreide seine Soldaten nährte.

Die Eisenbahnverwaltungen in Ostmitteleuropa ab 1939

Schon die deutsche Gewaltaktion im März 1939 hatte die Landkarte der Bahnverwaltungen verändert: Die durch die deutsche Annexion des »Sudetenlandes« und durch die erzwungene Abtretung von Gebieten auch an Polen und Ungarn 1938 stark verkleinerten Tschechoslowakischen Staatsbahnen waren in die »Böhmisch-Mährischen Bahnen« im »Protektorat Böhmen und Mähren« und in die Slowakischen Staatsbahnen aufgeteilt worden.

Die Teilung Polens 1939 hatte erhebliche Auswirkungen auf dem Gebiet der Eisenbahnorganisation:

- Das Streckennetz in den vom Reich annektierten Gebieten im nördlichen und westlichen Polen gehörte ab 1939 zur Deutschen Reichsbahn. Die schon bestehenden Reichsbahndirektionen Oppeln, Breslau und Königsberg wurden vergrößert, die Reichsbahndirektionen Danzig und Posen neugegründet.
- Die Bahnen im »Generalgouvernement« wurden einer »Generaldirektion der Ostbahn« mit Sitz in Krakau unterstellt, die im Laufe des Krieges in ihrer Organisation immer mehr der Reichsbahn angeglichen wurde und deren Lokomotiven auch Reichsbahnnummern erhielten.
- Die Bahnen in den baltischen Staaten und den polnischen und rumänischen Gebieten östlich der »Interessengrenze« wurden der Sowjetischen Staatsbahn zugeschlagen. Im Frühjahr 1941 begann die Umspurung der Gleise auf die in Rußland bzw. in der Sowjetunion seit jeher üblich gewesenen 1524 mm.

Das »Unternehmen Barbarossa«

Gleich nach dem Sieg über Frankreich im Juni 1940 ließ Hitler unter der Tarnbezeichnung »Barbarossa« die Planungen für den Angriff auf die Sowjetunion anlaufen. Er hatte ja »seinen« großen Krieg nicht um Danzig oder den polnischen Korridor und nicht für Elsaß-Lothringen vom Zaun gebrochen, sondern zur Erringung der Weltherrschaft auf der Basis eines weit nach Osten ausgedehnten Imperiums. Schon Monate bevor der erste Wehrmachtssoldat die deutsch-russische Demarkationslinie überschritt, war in Grundzügen der »Generalplan Ost« konzipiert, der für die Slawen und Juden des zu erobernden »Raumes« in jeweils zweistelliger Millionenzahl die »Dezimierung« und die »Aussiedlung« in Richtung Sibirien vorsah.

Ein überspanntes strategisches Ziel verband Hitler zusätzlich mit dem geplanten »Ostfeldzug«: Nachdem die Fortsetzung des Frankreichfeldzuges über den Kanal nach England recht kläglich gescheitert war, sollte das britische Weltreich nun »von hinten« auf dem Wege über Rußland und Indien »aufgerollt« werden. Jede realistische Einschätzung der Möglichkeiten der Wehrmacht und der Reserven der deutschen Volkswirtschaft war ihm offensichtlich längst verloren gegangen. Hitler sah den Rußlandfeldzug denn auch nicht als sein schwierigstes oder riskantestes Projekt an. Er war weithin ein Gefangener von Erfahrungen und Vorstellungen aus dem Ersten Weltkrieg und glaubte von daher, nach dem unerwartet schnellen Sieg vom Juni 1940 über das im Ersten Weltkrieg so hartnäckige Frankreich könne die Vernichtung des »jüdischen Bolschwismus« keine große Anstrengung mehr kosten.

Die Goebbels-Propaganda rechtfertigte den Überfall auf die Sowjetunion mit angeblichen Angriffsplänen von dortiger Seite. Solche Theorien wurden bis in die neueste Zeit immer wieder vertreten. Richtig ist sicher, daß der berechnende Taktiker Stalin seinen Pakt mit Hitler nicht als für alle Zeiten verbindlich ansah, sondern in Ruhe abwarten wollte, bis sich Deutschland und die Westmächte gegenseitig soweit geschwächt haben würden, daß er als lachender Dritter auf den Plan treten könnte. Genauso sicher ist aber auch, daß Stalin 1941 weder auf Angriff noch auf Verteidigung eingestellt war. Die »Liquidierung« der wichtigsten Generäle der Roten Armee im Zuge der politischen Prozesse der dreißiger Jahre hatte die Sowjetunion militärisch geschwächt und der deutschen Führung Hoffnung auf ein leichtes Spiel gemacht. Gerade der Ablauf der Kampfhandlungen in den ersten Monaten des deutschen Angriffs zeigte überdeutlich, daß die Rote Armee zunächst kaum kriegsbereit war. Schon im Dezember 1940 beschäftigte sich Hitler im Detail mit den Zielvorgaben für die einzelnen Heeresgruppen im Osten – und mit ihrer weiteren Verwendung nach dem erfolgreichen Abschluß des Ostfeldzuges. Eine Analyse der deutsch-sowjetischen Wirtschaftsbeziehungen von Anfang 1940 bis Juni 1941 schließlich läßt erkennen, daß die Sowjetregierung mit den Öl- und Getreidelieferungen an das Reich bis an die Grenze der Leistungsfähigkeit ihrer Wirtschaft ging, um den seit dem Frankreichfeldzug durchaus gefürchteten Partner im Westen bei Laune zu halten. »Während in der Nacht vom 21. auf den 22. Juni die deutschen Sturmtruppen am San bei Przemysl auf die Stunde des Vormarsches warteten, rollten die sowjetischen Züge mit Erdöl weiter donnernd über die Brücke ins deutsch besetzte Gebiet.«[2]

Stalin schlug im Frühsommer 1941 eine ganze Reihe von Warnungen in den Wind, die ihm vom eigenen Geheimdienst und von deutschen Hitlergegnern zugetragen wurden. Grund zu höchster Wachsamkeit und Sorge hätte in jeden Falle bestanden, denn die deutschen Stellen konnten die umfassenden Baumaßnahmen kaum tarnen, die 1940/41 an den Verkehrswegen in Polen ausgeführt wurden. Genausowenig konnte verborgen bleiben, daß von Januar bis Juni 1941 nicht weniger als 33 800 Züge mit Truppen und Ausrüstung an die Demarkationslinie in Polen rollten.

Die Bündnisse des Deutschen Reiches mit Rumänien, Ungarn und der Slowakei ermöglichten es, die Sowjetunion auf einer vom Schwarzen Meer bis zur Ostsee reichenden Front anzugreifen. Finnland, das kurz vorher Opfer eines sowjetischen Überfalls geworden war, nahm an einer karelischen Front an der Offensive teil. Am 22. Juni 1941 um 3.15 Uhr eröffneten 118 Infanteriedivisionen, 15 motorisierte Divisionen und 19 Panzerdivisionen mit zusammen etwa über 3 Millionen Soldaten die Kampfhandlungen. Der erste zu erobernde Gebietsstreifen war noch nicht lange sowjetisch: Ostpolen, Litauen, Lettland, Estland und die zuvor rumänischen Gebiete Nordbukowina und Bessarabien hatte die Sowjetunion ja erst 1939 und 1940 aufgrund des Hitler-Stalin-Paktes annektiert.

Das Tempo der ersten Vormärsche entsprach den in Berlin gehegten Erwartungen. Der Wehrmacht gelangen die größten Einkesselungen der Kriegsgeschichte. Kesselschlachten wie die von Bialystok und Minsk brachten im Sommer und Herbst 1941 an mehreren

---

[2] Hermann Teske, Die silbernen Spiegel, Heidelberg 1952, S.92

Orten jeweils 100 000 bis 650 000 sowjetische Gefangene in deutsche Gewalt. Nun fanden Hitlers Befehle Anwendung, die dem Krieg im Osten einen grundsätzlich anderen Charakter gaben als den Feldzügen des Ersten Weltkriegs und den in Polen, Skandinavien, Westeuropa und auf dem Balkan seit 1939 geführten. Die eingekesselten und entwaffneten Heere wurden zunächst tage- und wochenlang ohne jede Nahrung in den unwirtlichen Kampfgebieten unter freiem Himmel gefangengehalten und so dem massenhaften Tod durch Hunger und Seuchen preisgegeben. Die »Richtlinien des Oberkommandos der Wehrmacht für die Behandlung politischer Kommissare« vom 6. Juli 1941 verlangten die sofortige Tötung jedes gefangengenommenen Parteifunktionärs in der Roten Armee. Ebenfalls aus der Menge der Gefangenen ausgesondert und sofort erschossen wurden Soldaten, deren Aussehen auf jüdische oder asiatische Herkunft schließen ließ. Auch nachdem die sowjetischen Gefangenen endlich in halbwegs geordnete Lager im Reichsgebiet überführt worden waren, deportierten die Wehrmacht und die SS zehntausende von ihnen zur Erschießung in die Konzentrationslager. Krankheit oder Verwundung war genauso ein Todesurteil wie der Eindruck intellektueller Befähigung oder politischer Meinungsführerschaft. Widerstand der Generalität der Wehrmacht gegen die Zugriffe des Reichssicherheitshauptamtes auf die im Kampf gefangen genommenen wehrlosen Gegner blieb selten. Von insgesamt etwa 5 Millionen sowjetischen Gefangenen der Wehrmacht im Zweiten Weltkrieg starben bis 1945 nicht weniger als 60 %, davon sehr viele aufgrund der genannten Maßnahmen bereits im Sommer 1941.

Der vorrückenden Wehrmacht folgten »Einsatzgruppen«, die mit der sofortigen Ermordung der jüdischen Zivilbevölkerung in den eroberten Gebieten beauftragt waren. Tausende von Juden wurden Tag für Tag aus den soeben besetzten Städten und Dörfern getrieben, ohne besondere Geheimhaltung erschossen und in Massengräbern notdürftig verscharrt. Wehrmachtseinheiten leisteten hierbei vielfältige Hilfe. Die nach Berlin geschickten Statistiken bilanzierten makabre Triumphe der Vernichtungswut: Allein am 29. August erschossen die Deutschen bei Kamenez-Podolski 14 000 und am 29. und 30. September bei Kiew 33 780 Juden.

Aus den besetzten Gebieten wurden Lebensmittel und andere Wirtschaftsgüter ohne jede Rücksicht auf die Bedürfnisse der Bevölkerung abtransportiert. Soweit man es für zweckmäßig ansah, bediente man sich hierzu bedenkenlos der vorgefundenen zwangskollektivistischen Bürokratie, die ja in Ostpolen und im Baltikum gerade erst eingeführt war.

Daß Nachrichten über all diese Maßnahmen über die Front dringen würden und den Kampfeswillen der Roten Armee steigern würden, nahmen »Führer« und OKW genauso in Kauf wie die schnelle Entwicklung einer Partisanenbewegung in der Zivilbevölkerung, die mancherorts (namentlich in der Ukraine) zunächst mit Blumen die vermeintlichen Befreier vom stalinistischen Joch begrüßt hatte.

Schon Anfang August 1941 mußten die deutschen Truppen feststellen, daß sie inzwischen einer geordneten sowjetischen Front begegneten. Auch wenn diese Front noch monatelang schnell zurückweichen mußte, war doch das Ziel des »Blitzkrieges«, nämlich die Zertrümmerung der gegnerischen Abwehrstruktur im ersten Ansturm, bereits gescheitert. Auch wenn am 5. August Smolensk und am 19. September Kiew eingenommen werden konnten, auch wenn Leningrad ab 8. September 1941 vollständig von deutschen Truppen eingeschlossen war und die Zahl der sowjetischen Gefangenen bis November 1941 die Zahl von 3,6 Millionen erreichte: Rußland war noch groß, Moskau noch weit, die wirtschaftlich leistungsfähigen Gebiete Zentralrußlands zwischen Moskau und dem Ural unerreichbar.

Am 11. Juni 1917 wurde diese Ansichtskarte von Bialystok nach St. Vith (Eifel) geschickt. Sie zeigt einen russischen Lokschuppen mit Normalspurloks aus Preußen und aus Russisch-Polen. Das bis zum Ersten Weltkrieg russische Bialystok wurde 1915 von den Deutschen besetzt, fiel nach dem polnisch-sowjetischen Vertrag von 1921 an Polen, wurde 1939 im Hitler-Stalin-Pakt der Sowjetunion zugesprochen und alsbald von dieser besetzt, 1941 von der Wehrmacht erobert und dem Reichsgebiet einverleibt, 1944 von der Roten Armee zurückerobert und kam 1945 wieder zu Polen. Die im Ersten Weltkrieg eingeführte Anschrift des Heimatbetriebswerkes mit großen Buchstaben an Rauchkammer oder Schornstein wurde auch im Zweiten Weltkrieg üblich.
Aufnahme: Sammlung Andreas Knipping

Die unter Dauerregen mehr und mehr verschlammende Straßen machten den deutschen Vormarsch ab Anfang Oktober 1941 immer mühsamer und langsamer. Noch im Oktober setzten Schneefälle und Frostwetter ein. In völlig ungenügender Sommerbekleidung waren die Wehrmachtssoldaten ab November Temperaturen von 20 bis 30 Grad Kälte ausgesetzt. Rasch zunehmende und immer besser organisierte Partisa-

W. Steiner: »Zur Verladung bereitstehende Kleinlok«

Eine alte Bekannte aus dem Ersten Weltkrieg war die Brigadelok der deutschen Heeresfeldbahnen. Das gezeigte Exemplar HF 2690 wurde erst 1919 von Borsig gebaut und vom Eisenbahn-Ersatzpark Sperenberg nach Polen abgegeben, stand bis 1939 im Dienste der Polnischen Staatsbahn, wurde unter deutscher Herrschaft zur 99 1563 umgezeichnet und nach 1941 in der besetzten Sowjetunion verwendet. Laut Anschrift gehört sie zum Kleinbahn-Bw Janow-Poleski östlich von Brest-Litowsk im vormaligen Ostpolen. Am 5. Januar 1943 hat sie eine L 2-Ausbesserung erhalten.

nentätigkeit trug dazu bei, daß sich auch die Deutschen immer mehr in jener Hölle fühlen mußten, die sie den Bewohnern des eroberten Landes zugedacht hatten.

Da der Kraftwagenverkehr zur Versorgung der tausend Kilometer von der Heimat entfernten Front völlig ausgefallen war, hingen die militärische Handlungsfähigkeit wie auch das Leben der Soldaten erstmals im Zweiten Weltkrieg von den Leistungen des Eisenbahnwesens im besetzten Land ab. Der Zweite Weltkrieg war entgegen den Vorstellungen und Wünschen der deutschen Führung wie der Erste zum »Eisenbahnkrieg« geworden.

Zur Geschichte des deutschen Militäreisenbahnwesens vom deutsch-französischen Krieg bis zum Rußlandfeldzug

Der auto- und flugzeugselige »Führer« mußte sich erst unter dem Eindruck des russischen Winters von der Bedeutung der Eisenbahn für die Kriegführung überzeugen lassen. Jahrzehnte vorher, spätestens nach dem deutsch–französischen Krieg von 1870/71 waren sich politische Führung und Generalität über diese Bedeutung klar gewesen. Bei den Armeen Preußens und Bayerns wurden nach der Reichsgründung spezielle Eisenbahntruppen geschaffen, die Bahnbau und Bahnbetrieb für den Kriegsfall übten. Dem Chef der Eisenbahnabteilung des Großen Generalstabes war für Zeiten von Mobilmachung und Krieg umfassende Befehlsgewalt über alle Bahnen in der Heimat wie im Feindesland eingeräumt.

Am 1. August 1914 trat der Ernstfall ein. Unter weitgehender Stillegung des zivilen Verkehrs wurden bis 10. August mit 11 100 Kriegstransporten 3 120 000 Mann und 860 000 Pferde an die westliche und die östliche Reichsgrenze gebracht. Wenig später hatten die Eisenbahnpioniere Strecken und vor allem Brücken in Belgien und Frankreich wieder aufzubauen und hinter der schnell vorrückenden Front die Wiederaufnahme des Bahnbetriebes zu ermöglichen. Vier Jahre lang leiteten deutsche »Militär-Eisenbahn-Direktionen« (MED) fortan den Eisenbahnbetrieb in fast ganz Belgien und einem bedeutenden Teil Frankreichs, nach den weiteren Eroberungen ab 1915 auch den Bahnbetrieb in Russisch-Polen, Litauen und Serbien und ab 1916 in Rumänien. Der zunächst notdürftige Wiederaufbau ging fast überall sogleich in eine intensive Neubautätigkeit über, deren Spuren besonders im ostmitteleuropäischen Eisenbahnnetz bis heute erkennbar sind.

Typisch für den Ersten Weltkrieg wurden außer den Vollbahnen u.a. mit preußischen, bayerischen, sächsischen, österreichischen, belgischen und rumänischen Lokomotiven und Wagen die 600 mm-Schmalspurbahnen, die in Frankreich auf kürzerer Distanz die Spitzen des Normalspurbetriebes mit der Front verbanden, in Russisch-Polen, Litauen und Mazedonien hingegen größere Räume mit schlechter Verkehrsstruktur auch weit hinter den Fronten erschlossen. So manche 600 mm-Brigadelok des Ersten Weltkrieges sollten die deutschen Eroberer ab 1939 wiedersehen.

In dem 1917 erreichten vollen Ausbauzustand dienten dem deutschen Feldeisenbahnwesen in den besetzten Gebieten nicht weniger als 442 000 Mann, davon 108 000 Köpfe militärisches Personal, 70 000 deutsche Zivileisenbahner, 45 000 Kriegsgefangene und 219 000 Einheimische.

Erfahrungen aus dem Kriegsbetrieb des Ersten Weltkrieges etwa beim Bau von Behelfsbrücken nach dem Baukastensystem, bei der Lenkung des Betriebes im Falle längerer Sperrungen von Strecken oder Richtungsgleisen und bei der überörtlichen Leitung des Zugverkehrs in Krisenzeiten blieben auch nach der Niederlage von 1918 nicht nur Bestandteil des militärtechnischen Wissensschatzes, sondern flossen auch für immer in die zivile Eisenbahnpraxis ein.

Ab 1938 verlangte die politische Führung von der Eisenbahn wieder die Lösung größerer militärischer Aufgaben. Bei der Besetzung Österreichs, des Sudetenlandes und der zentraltschechischen Gebiete 1938/39 beschränkten sich diese auf den Truppentransport an die Grenzen. Die Vormärsche wurden von motorisierten Verbänden ausgeführt. Die Eroberungen Polens, Dänemarks, Norwegens, Luxemburgs, der Niederlande, Belgiens, Frankreichs, Jugoslawiens und Griechenlands 1939 bis 1941 gelangen nach Eisenbahnaufmärschen mittels Panzertruppen, motorisierter Verbände und Luftwaffe so schnell, daß bei der vollen Inbetriebnahme der Eisenbahnen in den besetzten Gebieten die Kampfhandlungen bereits wieder beendet waren. Aufgrund der Schnelligkeit der Vorstöße hielten sich Zerstörungen von Bahnanlagen durch zurückweichende Truppen in Grenzen. Wenn die »Großdeutsche« Reichsbahn und die unter deutscher Aufsicht fahrenden Bahnen im besetzten Teil Europas zwischen 1938 und 1941 stets an den Grenzen ihrer Leistungsfähigkeit arbeiteten, dann weniger wegen unmittelbarer militärischer Anforderungen etwa hinter schwer umkämpften Fronten oder wegen Kriegszerstörungen, sondern wegen der ausufernden Inanspruchnahme einer in den zwanziger und dreißiger Jahren kaum verbesserten Bahnstruktur durch eine immer mehr expandierende Kriegswirtschaft. Die Investitionen der Expansionsjahre hielten mit der Aufgabensteigerung bei weitem nicht mit.

Völlig veränderte Verhältnisse ergaben sich im Verlaufe des Rußlandfeldzuges. Die Entfernungen zwischen der Heimat bzw. den polnisch/rumänischen Aufmarschräumen und der Front sowie die Straßenzustände im »Osten« überforderten alsbald die Möglichkeiten des Kraftverkehrs. Entgegen den deutschen Erwartungen gelang es den Sowjets, den größten Teil ihrer Eisenbahnfahrzeuge beim Rückzug mitzunehmen. Somit sahen sich die Eroberer gezwungen, die sowjetischen Bahnen von der russischen Breitspur (1524 mm) auf die Normalspur (1435 mm) umzunageln und deutsche Lokomotiven und Wagen einzusetzen, deren massenhafter Abzug zu großen Transportproblemen in der Heimat führte.

Zur Organisation des Eisenbahnwesens in der besetzten Sowjetunion stellte die Wehrmacht bereits im April 1941 vorsorglich drei »Feldeisenbahndirektionen« (FBD) mit Betriebs-, Maschinen- und Werkstättenämtern in einer Stärke von jeweils etwa 10 000 Mann (zumeist eingezogenen Eisenbahnern) und zwei neue Eisenbahnpionierregimenter auf. Nachdem die FBD 1 in Jugoslawien zum Einsatz kam, wurde für den Ostfeldzug eine FBD 4 gebildet. Die FBD'en 2, 3 und 4 waren mit wechselnden Standorten für die Operationsgebiete der Heeresgruppen Mitte, Süd und Nord (in dieser Reihenfolge) zuständig.

Da die Wehrmacht mit diesen militärischen Eisenbahnbehörden und ihren »(feld)grauen Eisenbahnern« nicht das riesige eroberte Netz betreiben konnte, wurden gemäß Befehl vom 6. September 1941 für das rückwärtige Gebiet vier »Haupteisenbahndirektionen« (HBD) in Riga, Brest-Litowsk (später Minsk), Lemberg (später Kiew) und Poltawa (später Dnjepropetrowsk) eingerichtet. Als Oberbehörde wurde für sie die »Betriebsleitung Osten beim Chef des Transportwesens« in Warschau-Praga gebildet.

Aus den Organisationsformen für die Eisenbahnen in der besetzten Sowjetunion wurden einige Gebiete herausgenommen:

- Das Streckennetz in dem östlich an Ostpreußen angrenzenden bis 1939 polnischen Bezirk Bialystok wurde der Reichsbahndirektion Königsberg einverleibt, weil dieses Territorium unmittelbar ins Reichsgebiet übernommen wurde.
- Das Streckennetz um Lemberg in dem bis 1918 österreichischen und bis 1939 polnischen Galizien, das zum Generalgouvernement kam, wurde der »Ostbahn« angeschlossen, die nun in die drei Ostbahndirektionen Warschau, Krakau und Lemberg gegliedert war.
- Die Bahnen in den von Rumänien beanspruchten Gebieten (das war das bis 1940 rumänische Bessarabien zwischen Pruth und Djestr und zusätzlich »Transnistrien« bis zum Bug) wurden bis auf die Durchgangsstrecken Shmerinka–Odessa und Wirsula–Golta der Rumänischen Staatsbahn CFR übergeben.

Es muß kaum erwähnt werden, daß auch während des Krieges der Überblick über die wechselnden Zuständigkeiten und Befugnisse oftmals verloren ging.

Der Verkehr im besetzten sowjetischen Gebiet brach im Oktober/November 1941 aufgrund der winterlichen Verhältnisse sowie wegen Personal- und Fahrzeugmangels und zunehmender Partisanenaktivität weithin zusammen. Der Nachschub für den weiteren Vormarsch blieb aus, die Züge mit der im Reich eilig gesammelten Winterkleidung stauten sich auf den verschneiten Strecken des »Ostens« und kamen für viele Soldaten zu spät an der Front an. Die Verkehrskrise des Winters 1941/42 führte zu hektischer Aktivität der politischen Führung auf dem Gebiet des Eisenbahnwesens, dem nun eine Schlüsselrolle für den Erfolg des gesamten Krieges zuerkannt wurde.

Mit Wirkung vom 15. Januar 1942 wurden die Eisenbahnen in den besetzten sowjetischen Gebieten dem Reichsverkehrsministerium unterstellt und der Betrieb an die Deutsche Reichsbahn übergeben. Die »Betriebsleitung Osten beim Chef des Transportwesens« wurde demgemäß am 14. Januar 1942 in »Zweigstelle Osten des Reichsverkehrsministeriums« umbenannt. Der Wirkungsbereich der Feldeisenbahndirektionen wurde auf die frontnäheren Bereiche beschränkt. Damit war ein Konflikt zwischen Wehrmachtsführung einerseits und Reichsverkehrsministerium und Generaldirektion der Reichsbahn andererseits zugunsten der letztgenannten Institutionen oder, auf eine Person bezogen, zugunsten des greisen Ministers und Generaldirektors Dorpmüller entschieden. Vorangegangen waren ständige grundsätzliche Meinungsverschiedenheiten über die Formen und Möglichkeiten des Einsatzes der Eisenbahn für militärische Zwecke. Die Dienststellen der Wehrmacht hatten während des Vormarsches im Sommer 1941 und in den Monaten der Verkehrskrise im Herbst zu wenig Verständnis für die Eigengesetzlichkeiten des Bahnbetriebes gezeigt. So hatte man sich bei zweigleisigen Strecken mit der Umspurung nur eines Gleises begnügt und die Bedeutung eines Gegengleises für die zügige Rückführung der knappen Fahrzeuge sowie die Erforderlichkeit von Bahnhofs- und Abstellgleisen sowie von Werkstättenkapazitäten unterschätzt. Mit der Unterstellung der Eisenbahnen »im Osten« unter die zivile Bahnverwaltung war freilich die Transportkrise nicht gelöst, sondern nur ins Reich zurückverlagert. Betriebsführung und Ausbau der eroberten Bahnen durch die Reichsbahn führten sehr bald zu einem personellen und materiellen Ausbluten der Eisenbahnkapazitäten im Reich. Französische und belgische »Miet«lokomotiven oftmals hohen Alters und geringer Eignung mußten immer mehr deutsche Länderbahnlokomotiven ersetzen, die »nach Osten« geschickt worden waren. Zwangsarbeiter – nicht zuletzt aus der Sowjetunion! – mußten hinter der Ostfront tätige deutschen Eisenbahner ersetzen. Die Lösung der materiellen Probleme wurde nicht Dorpmüller überlassen, sondern in den Verantwortungsbereich des Reichsministers für Bewaffnung und Munition Albert Speer verlagert, unter dessen Federführung alsbald die Entwicklung der »Kriegslokomotive« anlief, deren Fertigung freilich viel zu spät kam, um noch kriegsentscheidend zu wirken.

Am 27. März 1942 wurde die Bezeichnung »Feldeisenbahndirektion« in »Feldeisenbahnkommando« (FEKdo oder Fekdo) geändert. Für den 30. April 1942 sind die Betriebslängen von Normal- und Breitspurstrecken in der besetzten Sowjetunion bekannt: Die FEKdo's betrieben 4334 km Normalspurstrecke und 1326 km Breitspurstrecke, die HBD'en 15 975 km Normalspurstrecke und 24 km Breitspurstrecke. Im Sommer 1942 wurde für das im Südosten neu eroberte Gebiet ein FEKdo 5 gebildet, dessen Gebiet jedoch bis Februar 1943 wieder vollständig verloren ging. Am 5. September 1942 wurde für das in der Sommeroffensive eroberte Gebiet auch eine fünfte HBD (»Südost«) in Rostow errichtet, deren Streckennetz aber ebenfalls schon im Februar 1943 wieder aufgegeben war. Ab 15. September 1942 wurden die

HBD'en statt nach der Lage nach ihrem Sitz bezeichnet, die HBD'en Nord, Mitte, Süd, Ost und Südost erhielten also die Namen Riga, Minsk, Kiew, Poltawa und Rostow, die sich wenig später infolge der Rückzüge häufig ändern sollten. Am 1. Dezember 1942 wurden die Hauptbahndirektionen in »Reichsverkehrsdirektionen« (RVD) umbenannt, die Zweigstelle Osten des Reichsverkehrsminsteriums in »Generalverkehrsdirektion Osten«. Entsprechend der Bewegung der Fronten wurde die Betriebsgrenze zwischen FEKdo's und HBD'en bzw. RVD'en ständig verschoben, bis Herbst 1942 in Richtung Osten, sodann in Richtung Westen.

Kriegswende Dezember 1941

Am 5. Dezember 1941 stockte der deutsche Vormarsch an einer Frontlinie, die sich von Leningrad über den Ilmensee, Kalinin, die Vororte Moskaus, Jelez und Charkow bis Taganrog am Asowschen Meer erstreckte. Den zwei Tage später erfolgten Überfall Japans auf den US-Flottenstützpunkt Pearl Harbour nahm Hitler zum Anlaß, in völliger Verkennung der Kräfteverhältnisse auch den USA den Krieg zu erklären.

Damit war der Krieg zum Zweiten Weltkrieg geworden – und er war nun für das Deutsche Reich militärisch, wirtschaftlich und politisch verloren. Daß das bis Indien, Kanada und Australien reichende britische Weltreich, die überseeischen Kräfte Frankreichs, die unbesiegte und in ihrem Kampfeswillen aufs äußerste gereizte Sowjetunion und die unverbraucht in den Krieg eintretenden USA auf längere Sicht stärker sein würden als das Reich mit seinen Verbündeten, lag auf der Hand. Ebenso klar war, daß die Verbrechen in allen besetzten Ländern ein Ausmaß erreicht hatten, das jeden Kompromiß mit den jeweiligen Völkern und mit dem Rest der Welt ausschloß.

Die unter diesen Umständen aufkommende Ahnung, den Krieg nicht mehr gewinnen zu können, trug dazu bei, daß die nationalsozialistische Führung bei Formulierung und Durchsetzung ihres wichtigsten »Kriegsziels« nach innen die letzten etwa noch verbliebenen Rücksichten auf das Völkerrecht und die zivilisierte Menschheit fallen ließ: Am 20. Januar 1942 koordinierten Staatssekretäre und andere hohe Funktionsträger des NS-Staates unter Leitung des Chefs des Reichssicherheitshauptamtes Heydrich auf der berüchtigten »Wannseekonferenz« die Einzelheiten der von Hitler vermutlich im Herbst 1941 befohlenen Ermordung der europäischen Juden, der sogenannten »Endlösung«.

Der manipulierten Öffentlichkeit in Deutschland wurde der Ernst der Kriegslage 1942 noch nicht klar. Die Wehrmacht stand an der Ägäis, am Atlantik und am Eismeer, hielt nach empfindlichen Rückzügen wieder eine stabile Front in Rußland und erzielte Erfolge in Nordafrika. Die Schlagzeilen wurden beherrscht von japanischen Erfolgen im Pazifik. Britische und amerikanische Flugzeuge bombardierten zwar immer häufiger Ziele im Reichsgebiet, dafür erzielten deutsche U-Boote noch einmal Rekordziffern bei der Versenkung alliierter Handelsschiffe im Atlantik und dicht vor der amerikanischen Ostküste.

Der Marsch nach Stalingrad

Nach einer deutlichen Zurücknahme des Mittelabschnitts der deutschen Front unter schwerem sowjetischen Druck im Dezember 1941 und Januar 1942 und nach verlustreichen Abwehrschlachten bei weiterhin schwierigsten Witterungsbedingungen im Frühjahr 1942 begann am 29. Juni 1942 die deutsche Sommeroffensive, die sich auf den Südflügel der Ostfront beschränkte.

Zugleich verfeinerten die Schreibtischtäter in Berlin ihr Konzept für die Zeit nach dem »Endsieg«: Die Zahl der zu ermordenden oder nach Asien zu vertreibenden Polen, Tschechen, Ukrainer, Weißrussen und Russen präzisierte der »Reichsführer SS« Himmler am 12. Juni 1942 mit 31 Millionen.

Ziel des deutschen Vormarsches vom Sommer 1942 waren die Ölfelder am Kaukasus und die Industriestadt Stalingrad, mit deren Einnahme man den Verkehr auf der Wolga unterbrechen wollte. Am 19. August 1942 hißten Gebirgsjäger die Reichkriegsflagge auf dem 5633 Meter hohen Elbrus, dem höchsten Berg des Kaukasus, am 25. August schloß die Wehrmacht einen Belagerungsring um Stalingrad.

Ab Mitte September 1942 vereitelte zunehmender sowjetischer Widerstand jeden weiteren Vorstoß. Das von der deutschen Wehrmacht besetzte Gebiet in der Sowjetunion hatte nun seine größte Ausdehnung erreicht.

Das Universum »Reichsbahn im Osten«

Eine Dreiviertelmillion deutsche Eisenbahner und Soldaten und einheimische Arbeitskräfte betrieben im Herbst 1942 in der Sowjetunion mit 4600 Lokomotiven ein Streckennetz von etwa 35 000 km Länge auf einem Gebiet von etwa 1,25 Millionen Quadratkilometern. Das war ein Drittel des gesamten sowjetischen Eisenbahnnetzes. Zum Vergleich: Das Streckennetz der Reichsbahn hatte sich im Jahre 1937 vor allen Gebietserweiterungen auf etwa 54 000 km erstreckt, das Reichsgebiet hatte etwa 470 000 Quadratkilometer umfaßt.

Trotz der Rückzüge des Winters 1941/42 und der Jahre 1943/44 standen weite Gebiete zwischen Estland und der südwestlichen Ukraine mehr als drei Jahre unter deutscher Herrschaft. Die Bilder dieses Buches zeigen uns die Eisenbahnen mit 600, 750, 1000, 1435 und 1524 mm Spurweite. Sie zeigen die Strecken in den Wäldern und Sümpfen Litauens und Weißrußlands, zwischen der Ostsee und dem Schwarzen Meer, im baumlosen Hügelland der Ukraine und in den Steppen und an den Strömen des Südens. Sie zeigen die Bahnhöfe in den Industriestädten und in der Einsamkeit des weiten Landes, die Werkstätten und die Brückenbaustellen in diesen Jahren als ein Universum von Zerstörung und Aufbau, von Arbeit, Machtausübung und Leid – und von letztendlicher Sinnlosigkeit aller noch so ehrlichen Mühe des Eisenbahners in einem Krieg, der nie hätte geführt werden dürfen und der nie zu gewinnen war.

Zu Bildauswahl und Bildtexten

Bei jedem Foto ist zunächst entsprechend der rückseitigen Angabe der Urheber genannt. Es handelt sich hauptsächlich um folgende Fotografen:
- Below, Stettin (später bei der HVB in Frankfurt am Main tätig)
- Hans-Joachim Bandelow (später in Wiesbaden tätig)
- Otto Donath, Presse-Bild, Berlin
- Max Ittenbach, Berlin (nach dem Krieg in Ost-Berlin tätig)
- Walter Hollnagel, Hamburg (nach dem Krieg Fotograf der BD Hamburg)
- L. Schuster, München
- Willy Steiner, Berlin

Sodann folgt in Anführungszeichen der auf der Rückseite vorgefundene Bildtext. Anschließend sind behördliche Vermerke und Stempel zitiert, mit denen zensierende Anweisungen oder Verbote zur Veröffentlichung erteilt wurden. Allenfalls hieraus sind Aufnahmedaten erschließbar. Aus Gründen der Geheimhaltung sind die offiziellen Bildtexte bewußt nichtssagend gehalten. Demgemäß war es nicht ganz einfach, die jeweils anschließenden Informationen zu liefern, die trotz aller Recherche vielfach jede Angabe zu Ort und Zeit schuldig bleiben müssen.

Abkürzungsverzeichnis

BMB	Böhmisch-Mährische Bahnen (von 1939 bis 1945 im »Protektorat«)
Bw	Bahnbetriebswerk
CFR	Rumänische Staatsbahn
ČSD	Tschechoslowakische Staatsbahnen (bis 1939 und ab 1945)
EAW	Eisenbahnausbesserungswerk
EBD	Eisenbahn-Betriebsdirektion (Zusammenfassung von Betriebs- und Verkehrsämtern mit gleichem Dienstort)
FBD	Feldeisenbahndirektion (bis März 1942)
Fekdo/ FEKdo	Feldeisenbahnkommando (ab März 1942)
HBD	Haupteisenbahndirektion (September 1941 bis Dezember 1942)
OKH	Oberkommando des Heeres
OKW	Oberkommando der Wehrmacht
OT	Organisation Todt
PKP	Polnische Staatsbahnen (bis 1939 und ab 1945)
RAD	Reichsarbeitsdienst
RAW	Reichsbahnausbesserungswerk
Rbd	Reichsbahndirektion (bis 1943)
RBD	Reichsbahndirektion (ab 1943)
RVD	Reichsverkehrsdirektion (ab Dezember 1942)
SNCF	Nationalgesellschaft der Französischen Eisenbahnen (seit 1937)
SZD	Sowjetische Staatsbahnen

Zerstörungen durch sowjetischen Rückzug und deutsche Eroberung

Schuster, München: »Ausgebrannter Bahnhof im Osten«

Als Ruine wurde das Empfangsgebäude des kleinen Bahnhofs Golta am Bug in der Südukraine im Sommer 1941 erobert.

Schuster, München: »Mit Schienenaufreißgerät zerstörte Gleise im Osten«

Das linke Gleis ist mit einer von der Lokomotive nachgezogenen Schleife aus Schienen zerstört worden, deren Funktion es war, die Schienen von den Schwellen abzureißen. Das rechte Gleis konnte unbeschädigt in Besitz genommen werden. Hier ist an den Schwellen erkennbar, daß die rechte Schiene bereits zwecks Umspurung nach innen umgenagelt worden ist. Die Bahn muß im übrigen als Fußweg dienen: Mit dem Trampelpfad im Sandoberbau muß sich auch ein Verwundeter mit zwei Stöcken begnügen, denn Personenzüge fahren fürs erste nicht.

Nach den ersten Tagen des deutschen Überraschungsangriffs war die Rote Armee zwar noch lange nicht in der Lage, die Invasionstruppen aufzuhalten, doch gelang es ihr, beim Rückzug Maßnahmen zu treffen, die der Wehrmacht der Vormarsch erschwerten. Zum einen schaffte man es, die Lokomotiven zum größten Teil mitzunehmen und damit die Deutschen zur Umspurung der Breitspurgleise und zur Nachführung eigener Maschinen zu zwingen.

Wie es schon alle kriegführenden Mächte im Ersten Weltkrieg getan hatten (und wie es die Deutschen beim eigenen Rückzug bis zum Mai 1945 mit größtem Eifer tun sollten), zerstörte man des weiteren planmäßig die Bahnanlagen, die man dem Feind überlassen mußte. Hierzu kamen in Betracht die Sprengung von Bauwerken aller Art, die künstliche Herbeiführung von Entgleisungen und Kollisionen führerloser Züge und das Aufreißen des Oberbaus. Die spürbarste Wirkung wurde durch die Sprengung großer Brücken erzielt. Im Süden der Sowjetunion mußten die Angreifer die großen Ströme Dnjestr, Bug, Dnjepr und Don überqueren. Die wenigen Eisenbahn- und Straßenbrücken über diese Flüsse konnten nach der Zerstörung nur in langwieriger Arbeit repariert oder ersetzt werden.

Zu den Zerstörungen beim Rückzug kamen die Auswirkungen deutscher Luftangriffe vor dem Einmarsch und der Artillerie- und Panzerkämpfe bei der Eroberung, die von vielen Bahnhöfen nur Trümmerfelder mit vielen Toten übrigließen.

L. Schuster, München: »In diesem Zustand mußten die deutschen Eisenbahner die Gleise übernehmen«

Nun, gerufen hatte sie ja niemand. Ein russischer Eisenbahnerkollege und fünf Kinder bestaunen die G 8 auf dem bereits umgespurten Gleis und den Fotografen, der hier auf freier Strecke für eine Aufnahme anhalten läßt.

M. Ittenbach, Berlin: »Bombenvolltreffer«, *durchgestrichen:* ***»ostw. Charkow«***

Nach vernichtenden eigenen Luftangriffen konnte die Wehrmacht dieses Bahngelände im Sommer 1942 beim Vormarsch in Richtung Stalingrad nur als Trümmerwüste in Besitz nehmen. Die Lokalisierung »ostwärts Charkow« sollte im Falle der Veröffentlichung aus Gründen der Geheimhaltung entfallen.

M. Ittenbach, Berlin: »Zerstörte Bahnanlagen im Osten«

Von diesem Güterschuppen stehen nur noch die Stirnmauern und die eisernen Stützen. Der Luftdruck der Bombenexplosionen hat die Ladefahrzeuge in die Trümmer geworfen. Bemerkenswert ist die Wagenmischung links: Auf dem russischen Vierachser der sowjetischen Direktion Süd steht unter dem sowjetischen Wappen »Deutsche Wehrmacht F.M.A. 3«. Typisch für die älteren Eisenbahnwagen des Landes der kalten Winter waren die vielen einzelnen Schornsteine der Öfen des Fahrgastraumes. Es folgen, nach Länge und Lichtraumprofil wie Spielzeug wirkend, ein altösterreichischer Personenwagen und ein italienischer G-Wagen. Sie lassen auf Normalspurbetrieb schließen, so daß der nun folgende russische Gepäckwagen wie schon der zuerst besprochene Wagen umgespurt sein müssen.

Hollnagel, Hamburg: »Zerstörter Bahnhof im Osten«

Durch Luftangriffe und eventuell auch durch Artilleriefeuer weitestgehend zerstört sind die Hochbauten dieses sowjetischen Bahnhofs. Schon sind aber die wichtigsten Durchfahrgleise wieder hergestellt, und zwar in Normalspur, wie die Rungenwagen der Reichsbahn zeigen. Bemerkenswert sind im Hintergrund die ebenfalls schwer beschädigten Häuser in sehr moderner Betonarchitektur.

M. Ittenbach, Berlin: »Zerstörtes Stellwerk im Osten«

Der Gleisplan auf der Stelltafel und die Rundbogenfenster lassen erkennen, daß das ausgebrannte elektromechanische Stellwerk mit der Anzeigetafel für die Fahrstraßen, das der damals weltweit modernsten Technologie entsprach, in dem soeben gezeigten Bahnhof zu finden war. Nach langjähriger Indoktrination über die »bolschewistische Mißwirtschaft« wunderten sich deutsche Fachleute vielerorts über den Stand der Technik in der Sowjetunion. Zwar war dieser nicht in aller Breite mit der Entwicklung in den mittel- und westeuropäischen Industriestaaten zu vergleichen, doch war die Sowjetunion in manchen von der politischen Führung besonders gepflegten Bereichen sehr viel fortschrittlicher ausgerüstet als etwa Ostpolen oder die Agrarstaaten Rumänien und Jugoslawien.

L. Schuster, München: »Von den Russen zerstörter Zug in Odessa«

Absichtlich herbeigeführte Entgleisungen verursachten zwar ein auf den ersten Blick scheinbar kaum zu entwirrendes Chaos, doch war mit entsprechender schwerer Räumtechnik oder auch von ein paar dutzend Mann mit Schneidbrennern, Brechstangen und Seilwinden die Befahrbarkeit der Strecken in wenigen Stunden wiederherzustellen. Die breitspurigen Wagen waren für die Deutschen ohnehin kaum verwendbar und konnten auf den Bahndämmen liegenbleiben. Die Güterwagen hatten zwar bereits automatische Mittelpufferkupplung, im Hinblick auf noch vorhandene Fahrzeuge mit Schraubenkupplung aber auch noch Puffer.

Schuster, München: »Kurz nach dem Eintreffen deutscher Eisenbahner ging es ans Aufräumen«

Zwei- und vierachsige Personenwagen älterer Bauarten sollten den Eroberern den Weg versperren. Der Flachdachwagen links stammt noch aus der Zarenzeit. Die Armbinde des Eisenbahners war wichtig: Sie verlieh ihm den kriegsvölkerrechtlichen »Kombattantenstatus«.

L. Schuster, München: »Zerstörte russ. Wagen«

Freigegeben durch OKW (Heer) am 16.9.43. Vor Abdruck nochmals vorlagepflichtig bei der Presseabteilung der Reichsregierung

Hier sind die auch von der deutschen Seite besonders geschätzten Kesselwagen Opfer der Zerstörung geworden, wobei nicht mehr zu belegen ist, ob Rückzugsmaßnahmen, Minen oder Luftangriffe das Chaos angerichtet haben.

M. Ittenbach, Berlin: »Sewastopol, Bahnanlagen am Hafen«

Erst nach mehr als acht Monaten Belagerung konnte die Wehrmacht am 1. Juli 1942 die Festung Sewastopol auf der Südspitze der Krim einnehmen. Nach den langen Artilleriekämpfen boten die Bahnanlagen der Hafenstadt ein Bild der Verwüstung. Die Aufräumungsarbeiten in der Sommerhitze sind schweißtreibend.

M. Ittenbach, Berlin: »Zerstörtes Bahngelände von Sewastopol«

Schwer beschädigt sind auch die Rechteckschuppen älterer Bauart in diesem kleinen Betriebswerk. Aus dem Gleis geworfen und insbesondere im Triebwerksbereich getroffen ist die 1'C1'h2-Personenzuglokomotive der Reihe Cy (Su) / dritte Serie. Diese Type war erst 1935 - 1939 in knapp 600 Exemplaren beschafft worden. Bei den Gleisen ist der normalspurige Wiederaufbau im Gange. Bei der Umnagelung von Weichen blieb das Herzstück liegen, von dort aus mußte neu vermessen und gebaut werden.

Diese Wagen wurden von den deutschen Eroberern ausgegleist, damit die Strecke für die Umnagelung auf Normalspur frei wurde. Über Umspurung oder Verschrottung der Breitspurgüterwagen wurde vielfach erst nach Monaten entschieden. Wir erkennen u.a. einen älteren Zweiachser mit seitlich angeordnetem Bremserhaus und dahinter Selbstentladewagen, die nach amerikanischem Vorbild konstruiert waren und wie in den USA »Hopper« (ХОППЕР) genannt wurden.

Umspurung und Ausbesserung

Hollnagel, Hamburg

Der allergrößte Teil der in diesem Kapitel beschriebenen Arbeiten mußte bei Sonnenglut und Winterkälte mit einfachen Werkzeugen von Hand ausgeführt werden. Unter Aufsicht älterer deutscher Eisenbahner sind einheimische Kräfte in wattierten Jacken hier mit der Umnagelung einer Bahnhofseinfahrt beschäftigt.

M. Ittenbach, Berlin: »Umspuren«

Unter gestrenger deutscher Aufsicht prüft der russische Arbeiter die Spur des umgenagelten Gleises. Sein Kollege darf für einen Augenblick pausieren.

Wegen der Rückführung der meisten sowjetischen Lokomotiven und der Unmöglichkeit, den Nachschub auf der Straße abzuwickeln, sahen sich die Deutschen zur Umnagelung der Breitspurstrecken gezwungen. Allein bis Ende 1941 waren 15 000 km Gleis umgespurt, diese Zahl sollte sich bis 1943 mindestens verdreifachen. Technisch bereitete der Vorgang auf der freien Strecke keine besonderen Probleme, da die Schienen fast überall mit einfachen Nägeln befestigt waren, die sich weiter innen wieder in die Schwellen einschlagen ließen. Mühsam war die Umspurung von Weichenstraßen, fast unmöglich die von Drehscheiben und Schiebebühnen mit ihren Zufahrten oder von Gleisen auf Putz- und Schlackengruben.

Kaum in Betracht kam die Umspurung von originalsowjetischen Lokomotiven. Es wäre notwendig gewesen, die Rahmenwangen zu trennen und in geringerem Abstand wieder zusammenzufügen und die Achsen zu verkürzen. Umgespurt wurden aber viele der polnischen, litauischen und rumänischen Maschinen, die erst vor kurzem in sowjetischen Besitz gelangt und auf Breitspur umgerüstet worden waren. Auch das erforderte viel Arbeit: Die Räder waren umgekehrt auf die Achsen gesetzt worden, so daß sie mit ihrem Sturz nach außen statt nach innen ragten. Dementsprechend waren auch die Radreifen und die Treib- und Kuppelzapfen umgedreht worden. Diese Vorgänge mußten unter Ausbau und Erhitzung der Teile rückgängig gemacht werden. Die zwischen Rahmen und Zylinderblöcken angebrachten Distanzstücke waren wieder zu entfernen, Ein- und Ausströmung sowie Puffer, Kupplungen und Bremse wieder auf mitteleuropäische Norm zu bringen. Unter den wieder auf Normalspur gebrachten Loks waren so vertraute Typen wie die preußische P 8 und G 10 aus zuvor polnischem oder rumänischem Besitz. Manche Lokomotiven wurden für diesen Umbau weit nach Westen in die Reichsbahnausbesserungswerke Gmünd, Gleiwitz oder Posen transportiert.

Erst 1942, als die Hoffnungen auf einen schnellen Sieg begraben werden mußten, begann die Umspurung von Wagen. Mobile Umbauzüge und -trupps preßten mit 200 t-Pressen die Räder auf den Achsen um jeweils 44,5 mm nach innen und ersetzten die automatischen Kupplungen durch Schraubenkupplungen. Der größte Teil der Wagen war wegen des größeren sowjetischen Lichtraumprofils vom Übergang ins Reich bzw. in die zuvor besetzten Gebiete ausgeschlossen. Dies wurde mit einem Zeichen in Form eines Dreiecks mit darinliegendem Kreis auf den Wagen deutlich gemacht. Zum Stichtag 17. März 1943 wurde der Stand der Umspurung von Beutewagen wie folgt festgestellt:

Erbeutete Breitspurwagen:		davon umgespurt:
Personenwagen	2 315	2 234
Kesselwagen	5 229	4 395
sonstige Güterwagen	76 588	63 848

M. Ittenbach, Berlin

Frauen waren genauso wie Männer bei der schweren Umspurarbeit mit Schraubenschlüssel, Brechstange und Hammer eingesetzt.

Hollnagel, Hamburg: »In der Lok-Ausbesserungshalle eines EAW im Osten«

Die alte T 16[1] Kattowitz 8168 (BMAG 6082/1916) hieß in Polen TKw 1-39 und behielt diese Nummer auch in der kurzen Betriebszeit unter dem Sowjetstern. Sie gehört zu den Loks, die vor Inkrafttreten der Verfügungen über die Bahnverwaltung im »Osten« die inoffizielle Anschrift »Deutsche Wehrmacht« erhalten hatten. »U« steht für Umspurung. Warum die fehlenden Räder auf dem Rahmen mit Kreide nachgemalt sind, ist nicht ersichtlich.

Hollnagel, Hamburg: »Loks warten auf Umspurung und Ausbesserung in einem EAW des Ostens«

Im »Eisenbahn-Ausbesserungswerk Schiffswerft Nikolajew« stand diese polnische Lokreihe als Arbeitsvorrat für die Rück-Umspurung. Ab Dezember 1941 bestand ein Vertrag mit der Schiffswerft, worin sich diese pro Monat zur Ausführung von zwei Hauptuntersuchungen L 4 sowie zwei Ausbesserungen L 2 und zehn L 0 an Lokomotiven und von 20 Ausbesserungen nach Schadgruppe 4 und 5 und 120 nach Schadgruppe 3 an Güterwagen verpflichtet hatte.

Links sieht man drei 2'Dh2-Loks der Gattung Os 24. Ihnen folgen zwei Tw 12 aus der verbreiteten österreichischen Reihe 80 (Eh2 bzw. Eh2v). Nach einer Tw 1 (Eh2, preußische G 10) und einer älteren kleineren Lok folgt nochmals eine Tw 12. Ein »blauer Eisenbahner« sieht sich das ganze von oben an.

Polnische Ok 22 werden auf Normalspur rück-umgebaut

Die Ok 22 war eine Weiterentwicklung der preußischen P 8 für die polnischen Staatsbahnen. Auf das unveränderte Lauf- und Triebwerk war ein höher liegender Kessel mit breiter Feuerbüchse gesetzt worden. Bemerkenswert ist das im Hinblick auf schlechte Kohle auf dem Schornstein angebrachte Funkensieb. Inbesitznahme und Umspurung durch die Sowjetischen Eisenbahnen östlich der »Interessengrenze« von 1939 brachten den Loks zwar den roten Stern an der Rauchkammertür, aber keine neue Nummer. Die russischen und sowjetischen Reihenbezeichnungen wurden seit jeher nicht nach einem festen Schema oder im Sinne einer Kodierung technischer Merkmale vergeben. Die Buchstabenkombinationen konnten auf Herstellerwerke oder Politikernamen, technische Merkmale oder ausländische Herkunft hinweisen. Zusätzliche Nummern kennzeichneten Unterbauarten oder bei den Massengattungen der dreißiger Jahre die einzelnen Bauserien. Die sowjetischen Bahnen verzichteten bei der Einreihung fremder Lokomotiven auch auf die Änderung der Ordnungsnummer. So war bei der von Chrzanow 1929 gebauten Ok 22-42 lediglich der Klein- durch einen Großbuchstaben ersetzt worden. Nach der Rückumspurung trug die Ok 22-42 die deutsche Nummer 38 4623, die daneben stehende Ok 22-174 die Nummer 38 4624.

M. Ittenbach, Berlin: »Umspuren einer russ. Lokomotive«

Die Ok 22-174, deren Führerhaus auf dem oberen Bild sichtbar ist, wirkt besonders imposant, weil sie auf niedrigen Rollwagen ruht, während ihre Radsätze umgearbeitet werden.

W. Steiner, Berlin
Freigegeben durch Presseabteilung der Reichsregierung am 16.9.43

Zur Umspurung der Wagen wurden Umspurzüge eingesetzt. In ihrer regelmäßigen Zusammensetzung enthielten sie 14 Wagen, darunter einen Dampfkran mit 5 t Tragkraft, Wagen mit Radsatzpressen, Hebeböcken, Winden, Bohrmaschinen, Notstromaggregat, Drehbänken und Feldschmiede sowie zwei GG-Wagen als Wohnwagen und einen GG-Wagen als Speisewagen für 48 Russen und einen Personenwagen als Wohnwagen für 24 Deutsche.

Hollnagel, Hamburg

So wie die Umspurung wurde alsbald auch die laufende Fahrzeugausbesserung mittels mobiler »Eisenbahn-Ausbesserungszüge« bewältigt, die nach der Bombardierung der Reichsbahn-Ausbesserungswerke im Reich dann auch dort eingeführt werden sollten und bis Ende der vierziger Jahre unentbehrlich blieben.

W. Steiner, Berlin:
»Umspurzug im Osten«

Die Mannschaft des links abgestellten Umspurzuges im Einsatz. Schwere Handarbeit ist nötig, um den Gepäckwagen aus der Zarenzeit anzuheben, die Drehgestelle herauszufahren und aufzubocken und schließlich die Radsätze aus- und einzubauen.

M. Ittenbach, Berlin

Bei diesem Wagen lohnt sich die Mühe schon eher, denn es handelt sich um einen erst vor kurzer Zeit auf Breitspur umgestellten polnischen Schnellzugwagen, der mit seinem Lichtraumprofil nach Rückumbau überall im deutschen Machtbereich einsetzbar sein wird.

M. Ittenbach, Berlin: »Umspurung im Osten«

Ob Beseitigung von Schäden oder Gleisumbau, ob Lokreaktivierung oder Wagenumspurung: Schwere körperliche Arbeit deutscher Eisenbahner und einheimischer Hilfskräfte stand im Mittelpunkt aller Aktivitäten.

M. Ittenbach, Berlin: »Umspurung im Osten«

Primitivste Hilfsmittel müssen genügen. Noch nicht einmal Arbeitshandschuhe sind vorhanden.

Brücken und Fähren

M. Ittenbach, Berlin: »Zerstörte Brücke im Osten«

Ersichtlich mehr Sprengstoff als unbedingt nötig hat diesen Flußübergang vernichtet.

Sehr nachhaltig wurden der deutsche Vormarsch und die Aufnahme des Bahnverkehrs bis hinter die Front durch die Sprengung der großen Strombrücken behindert. So wurden die Brücken über den Dnjestr nördlich von Czernowitz, bei Mogilew-Podolsk und bei Tighina und diejenigen über den Bug bei Winniza, Golta und Nikolajew zerstört. Die Strecken Kowel–Kiew und Starakonstantinow–Kasatin waren durch die Sprengung der Brücken über den Slutsch unterbrochen. Der Dnjepr bildete zunächst eine durchgehende Sperre für den Eisenbahnbetrieb, waren doch in Kiew Nord und Süd, Kanew, Dnjepr-Krasnoje, Krementschug, Dnjepropetrowsk und Saporoshje auf einer Stromlänge von mehreren hundert Kilometern alle Brücken gesprengt. Östlich des Dnjepr mußte im Herbst 1941 vorläufig mit der beschränkten Zahl von erbeuteten Lokomotiven der Breitspurbetrieb aufrechterhalten werden. Hierfür wurde es sogar erforderlich, westlich von Kiew verbliebene Breitspurfahrzeuge auf der Eisfläche über den Fluß nach Osten zu bringen.

Im Norden bildeten die gesprengten Narwabrücken bei Narwa und bei Pleskau die größten Hindernisse. Gegen die Offensive von 1942 wehrten sich die Sowjets durch Sprengung der Brücken nun auch über Donez, Don und Tschir, so im engmaschigen Streckennetz um Woroschilowgrad und Stalino und in Rostow.

Eisenbahnpioniere, Eisenbahner und einheimische Arbeiter hatten monatelang zu tun, um durch Wiederaufbau gesprengter Pfeiler, Bau hölzerner Ersatzpfeiler, Bergung und Reparatur abgestürzter Tragwerke und Montage genormter Kriegsbrückenteile zunächst wenigstens eingleisige, in Schrittgeschwindigkeit befahrbare Behelfsbrücken zu schaffen. Diese mußten dann freilich Tag und Nacht bewacht werden, waren sie doch bevorzugte Ziele von Partisanenangriffen. Doch weder fortschreitender Ausbau noch größte Wachsamkeit konnten die erneute Zerstörung verhindern: Entweder sowjetische Bomben oder deutsche Sprengkommandos sorgten dafür, daß 1943/44 wieder alles in Trümmern lag.

Die Fotografien zerstörter und wiederaufgebauter riesenhafter Brücken haben einen nicht zu leugnenden Reiz schauriger Ästhetik. Die niedergestürzten Stahlkonstruktionen bilden auf Wasserflächen, Eisdecken und Uferböschungen bizarre Muster. Kein Künstler könnte die Sinnlosigkeit der Kriegszerstörungen symbolträchtiger in Szene setzen als der Sprengtrupp der Pioniere beim Rückzug, der uns beweist, mit welch unwirklicher Leichtigkeit das Werk von Jahren in Minuten vernichtet werden kann. Die Aufnahmen der wiederaufgebauten Brücken hingegen reihen sich zu einem Lehrbuch der Statik und zu einem Bilderbuch technischen Improvisationsgeistes. Schon im Ersten Weltkrieg ließen die Ingenieure und Hundertschaften von Handarbeitern schier unglaubliche Kombinationen aus Mauerwerk und Beton, aus Stahl und Holz, aus geborgenem und herangeschafftem Material über den Flüssen zusammenwachsen, bis dann eine Anzahl Lokomotiven zur Belastungsprobe – und zum Fototermin – auf knarzendem und knackendem Bauwerk die erste Fahrt über den weiten Strom oder den gähnenden Abgrund antrat. Die Erfahrungen aus dem Ersten Weltkrieg wurden nun wieder genutzt, zumal man in Litauen und der Ukraine durchaus noch deutsche Kriegsbrücken aus dem vorigen Feldzug vorfand.

Aus Gründen seinerzeitiger militärischer Geheimhaltung lassen sich nicht alle nachstehend gezeigten Brücken identifizieren. Die größeren dürften aber alle zu den am Kapiteleingang aufgezählten Brücken über Dnjestr, Bug, Dnjepr und Don gehört haben.

Schuster, München: »Zerstörte Eisenbahnbrücke im Osten«

Das Haupttragwerk dieser Brücke ist von den teilweise gesprengten Pfeilern seitlich abgekippt. Der Schwellenstapel auf dem Brückenkopf wird demnächst als Basis für den Vorschub an der an Ort und Stelle zu montierenden Behelfsbrücke dienen. Ein Fußgängersteg führt bereits über das sumpfige Flüßchen. Die Bauform der Telegrafenleitung deutet auf eine Strecke im ehemals österreichischen Galizien hin.

Schuster, München: »Zerstörte Brücke im Osten«
Gesperrt OKW 16. Sep. 1943

Eine architektonisch sehr schöne Fachwerkbrücke ist hier der Sprengung zum Opfer gefallen. Zerstörung und Winterkälte haben aus dem Verkehrkehrsbauwerk ein Denkmal des Stillstandes gemacht. Winzige Menschen sind rechts auf der Eisfläche erkennbar. War es der völlige Mangel an Zeichen dynamischen Neubeginns, der die Aufnahme von der Veröffentlichung ausschloß?

Schuster, München: »Zerstörte Eisenbahnbrücke im Osten«

Außer der Brückensprengung unterbricht hier auch ein zur Entgleisung gebrachter Güterzug den Verkehr.

M. Ittenbach, Berlin: »Gesprengte Eisenbahnbrücke über den Dnjepr unterhalb des Stauwerks Dnjepropetrowsk«

Bevor die Wehrmacht am 28. August 1941 den überaus wichtigen Bahnknoten Dnjepropetrowsk erreichte, sprengte die Rote Armee die schön gestaltete Brücke über den größten Strom der Ukraine. Sie konnte am 6. November 1941 wieder in Betrieb genommen werden. Beim Wiederaufbau wurde die Siemens-Bauunion tätig, wie der Bauwagen oben in Bildmitte beweist. Ab 27. Dezember 1941 konnte über diese Brücke und die weiter südwärts führende Strecke erstmals auch das nördliche Ende der Krim auf Normalspur erreicht werden. Am 25. Oktober 1943 mußte die Wehrmacht Dnjepropetrowsk endgültig räumen.

Below, Stettin

Nur noch kleinere Arbeiten sind erforderlich, dann ist die Sprenglücke in dieser großen Strombrücke wenigstens eingleisig wieder befahrbar. Der Schleppkahn, der zum Einschwimmen des Behelfstragwerks verwendet worden war, kann abgezogen werden, nun werden die Gleise verbunden.

Below, Stettin

Vor der Probefahrt sind noch Vermessungsarbeiten fällig.

M. Ittenbach, Berlin: »Wiederhergestellte Brücke der Strecke Kiew – Poltawa«

Bevor der Dnjepr an ausreichend vielen Stellen auf Normalspur überquert werden konnte, mußte östlich des Stroms der Breitspurbetrieb aufrechterhalten werden. Daher hat man beim eingleisigen Wiederaufbau dieser Brücke auf der ukrainischen Linie Kiew – Poltawa (– Charkow) zunächst ein Vierschienengleis für Züge beider Spuren verlegt. Für ein Dreischienengleis, wie man es etwa von Kombinationen aus Normal- und Meterspur kennt, ist der Unterschied zwischen Normal- und Breitspur zu gering.
Auf der Brücke kommt noch eine Zwangsschiene hinzu, die im Falle von Entgleisungen das Ausbrechen der Fahrzeuge verhindern soll.

Fritz Korte, Berlin: »Brückenbau im Osten«

Solide Handwerksarbeit in Stahl und Holz wurde auch – wie hier – von einheimischen Helfern verlangt, um eine stabile Brücke mit den notwendigen Eisabweisern fertigzustellen.

Hollnagel, Hamburg

Wehrmacht, Reichsbahn und Partei lauschen anläßlich der Einweihung einer mit reichlich nationalsozialistischer Symbolik versehenen Brücke den Ausführungen über Schicksalskampf und Feldzug gegen den Bolschewismus.

Below, Stettin

Die Zusammenfügung der Brückentragwerke wirkt gewagt. Aber Not macht erfinderisch, und eingleisig ist der Flußübergang wieder befahrbar. Rechts ist eine auf zwei Kähne montierte Dampframme zu sehen. Wie mag die Stadt im Hintergrund mit den weißen Häusern und den sich am Ufer ausbreitenden ärmlichen Hütten heißen?

Schuster, München: »Die neue Brücke über den Dniestr«

Schon in der ersten Phase ihres Vormarsches über den Pruth im südlichsten Abschnitt der Front erreichte die rumänische Armee den Dnjestr, der bis 1940 die rumänisch-sowjetische Grenze gebildet hatte. Auch hier hatten die abziehenden Rotarmisten die Brücken gesprengt. Stacheldrahtzäune auf den verschneiten Ufern sollen das neue Bauwerk gegen die Annäherung von Partisanen schützen. Inmitten kriegerischer Verkehrs- und Sperrtechnik sehen wir im fast trockenen Flußbett eine Insel des Friedens mit ein paar Pferden und ihren Betreuern.

Fritz Korte: »Brücke im Osten«

Diese Brücke ist unzerstört in deutsche Hände gefallen, und damit dies auch so bleibt, haben die Okkupanten sie eingezäunt und auf ihren Portalen Flieger- und Partisanenabwehrstellungen errichtet, dabei aber auch eine Feldtoilette auf der Dammböschung nicht vergessen. Mehrsprachige Schilder verbieten alles Mögliche, darunter gewiß auch das Fotografieren des Bauwerks mit der kräftig dampfenden 38 2990 durch Normalsterbliche.

Hollnagel, Hamburg

Die Belastungsprobe der kunstvollen Holzpfeilerbrücke wurde mit einer Kriegslok der Reihe 52 mit Kondenstender vorgenommen. Der Schornsteindeckel deutet auf die erste Ausführung der Kondenslok hin. Die Bauform der Brücke erinnert an die Pionierzeit des Eisenbahnwesens in den USA.

M. Ittenbach, Berlin:
»Truppentransport«
Freigegeben durch OKW (Heer) und Presseabteilung der Reichsregierung am 26. Okt. 1942

Aus Vergleichen mit anderen Bildern läßt sich feststellen, daß es es sich hier um die Fährverbindung bei Cherson handelt, die auf der Strecke Odessa – Nikolajew – Krim den südlichsten Übergang über den Dnjepr vor seiner Einmündung ins Schwarze Meer ermöglichte. Obwohl die abgebildete Fähre nur aus mehreren umgebauten Schleppkähnen besteht, handelt es sich bei dieser Verbindung nicht um ein Kriegsprovisorium: Hier hatte auch zu Friedenszeiten keine Brücke gestanden. Die von deutscher Seite 1942 erbaute drei Kilometer lange Brücke wurde beim Rückzug gesprengt, so daß bis 1955 erneut Fährverkehr bestand. Wehrmachtsangehörige und Eisenbahner in nicht ganz felddienstmäßiger Bekleidung genießen die Sommerhitze während der Überfahrt.

Hollnagel, Hamburg: »Fähre in Osten«

Vorsichtig wird der Dienstwagen Nr. 331 der Reichsverkehrsdirektion Dnjepropetrowsk auf ein Fährschiff ähnlicher Bauart verladen. Kaum zu glauben, daß der Kahn mit seiner hohen Ladung nicht kentert.

M. Ittenbach, Berlin: »Fähre« Freigegeben durch OKW (Heer) und Presseabteilung der Reichsregierung am 3. Nov. 1942

Hier wird für einen dienstlich genutzten alten preußischen Schlafwagen das friedensmäßige Fährschiff benutzt. Die Verladung erfordert genaue Arbeit.

M. Ittenbach, Berlin: »Cherson-Fähre – Ein großer Salonwagen steht mit der hinteren Achse über«

Trotz aller Maßarbeit: Der preußische Sechsachser ist zu lang für die Fähre. Die äußersten Räder hängen in der Luft. Ein Schild warnt: »Wagen mit Personen besetzt«! Schon aus den Zeiten seiner Trajektfahrten über die Ostsee besitzt der Wagen am Langträger die Öse zur Vertäuung.

Sowjetische Lokomotiven und Güterwagen

L. Schuster, München: »In langen Reihen stehen russ. Loks zerstört oder ihrer Triebstangen beraubt auf den Strecken.«

Hier sehen wir von der O^B (O^W) mehr als nur das Führerhaus. Der laufachslose Vierkuppler erfreute sich bei den Bahnen des alten Rußland größter Beliebtheit. Die 1893 bis 1904 gebaute O^B (für **O**sovnoj = Normaltype mit der **W**alschaerts-Steuerung, die der Heusingersteuerung entspricht, Bauart Dn2v) war die wichtigste Vertreterin von insgesamt nicht weniger als 8500 Maschinen der Gattung O. Mit den abgestellten Maschinen 6684 und 6809 der Direktion Odessa wird die Rumänische Staatsbahn, die sich bei der Besetzung »Transnistriens« gleich als neue Eigentümerin verewigt hat, jedoch nicht viel Freude haben: Die Sowjets haben beim Rückzug die Stangen mitgenommen. Die dritte Lok ist eine Щ (Schtsch), eine 1'Dn2 der Baujahre zwischen 1907 und 1911.

6809

Deutsche-Wehrmacht.
ВИННИЦКАЯ Ж.Д.
Ов.6916.
Bw. Kirowo.

Bis zum Ersten Weltkrieg war die Entwicklung der russischen Eisenbahnfahrzeuge ähnlich wie in den Ländern Mittel- und Westeuropas verlaufen, aus denen ja auch viele Lokomotiven importiert worden waren. Das größere Lichtraumprofil und die weitere Spur hatten allerdings eine sehr viel großzügigere Dimensionierung der Lokomotiven und Wagen erlaubt. Im Personenverkehr dominierten schon zur Zarenzeit Drehgestellwagen.

In sowjetischer Zeit lehnte sich die Eisenbahntechnologie dann mehr an das Vorbild der USA an. Sowohl für den Personen- als auch für den Güterverkehr wurden von den zwanziger Jahren an ausschließlich Drehgestellwagen beschafft. Nach einem Beschluß von 1931 begann 1935 die Umstellung des gesamten Fahrzeugparks auf die automatische Kupplung. Der Lokomotivbestand wurde vereinheitlicht und allmählich auf sehr viel größere und leistungsfähigere Typen umgestellt, wobei die Achsfahrmasse für den größten Teil des Streckennetzes auf 16 t beschränkt blieb.

Hierbei stand in den Jahren nach Weltkrieg und Bürgerkrieg zunächst die Stärkung des Güterverkehrs im Vordergrund. 1200 Fünfkuppler, nämlich 500 der Reihe $Э^{Ш}$ ($Ä^{Sch}$) aus Schweden und 700 der fast gleichen Reihe $Э^{Г}$ ($Ä^{G}$) aus Deutschland) übernahmen während nur zweier Jahre zwischen 1921 und 1923 die Herrschaft im Güterzugdienst fast des ganzen Landes. Verstärkte Varianten dieses laufachslosen Fünfkupplers wurden sodann im eigenen Lande als $Э^{У}$, $Э^{Р}$ und $Э^{М}$ ($Ä^{U,R,M}$) in etwa 8000 (!) Exemplaren hergestellt. Ab 1934 folgte die 1'E-Lokomotive der Gattung CO (SO), die es bis 1951 auf mehr als 4400 Ausführungen bringen sollte. Bereits 1931 ging in Serie die ФД(FD), eine mächtige 1'E1'h2 mit Verbrennungskammer und sechsachsigem Tender, die den Güterzugloks vieler Bahngesellschaften in den USA nicht nachstand. Immer wieder beeindruckend die Stückzahlen pro Gattung: 3222 FD wurden bis in den Krieg hinein gefertigt.

Für den Personenzug- und leichteren Schnellzugdienst hatten die russischen Bahnen schon in der späten Zarenzeit die Bauart 1'C1' bevorzugt, während sich die 2'C1' in Rußland nicht durchsetzen konnte. 1925 erschien erstmals die modernisierte Variante $С^{у}$ (S^{u}), eine 1'C1'h2 mit 1850 mm Treibraddurchmesser. Sie sollte bis 1951 die stolze Zahl von mindestens 2700 erreichen. In enger Anlehnung an die ФД entstand eine stärkere Lokomotive mit gleichem Treibraddurch-

Kriegsberichter Koltzenburg, Atlantic Pressebilderdienst: »15 000 km russische Bahnen sind wieder auf deutsche Spur umgenagelt worden und über 25 000 km russische Bahnen sind wieder in Betrieb – so erklärte der Führer in seiner letzten Sportpalast-Kundgebung. Eine alte sowjetische Lokomotive hat eine deutsche Bezeichnung und einen deutschen Lokomotivführer bekommen, der hier von seinem Hauptmann der Feldeisenbahner Fahrtanweisung erhält.«
Abzug für das Bildarchiv des Pressedienstes des Reichsverkehrsministeriums erworben. Berlin, den 30. 10. 1941

Sowohl der Führer als auch der Pressedienst machten gelegentlich Fehler: Außer den ostpolnischen, baltischen und nordostrumänischen Strecken wurden die Bahnen natürlich nicht »wieder«, sondern erstmals auf jene Spur umgenagelt, die mit ihrer Verbreitung von den USA über fast ganz Europa bis China nicht die »deutsche«, sondern die Normalspur war und ist. Auch hat der alte Vierkuppler keine deutsche Bezeichnung erhalten (darauf wurde bei Originalbreitspurloks generell verzichtet), sondern sie firmiert weiterhin als die russische $О^{В}$ 6916. Deutsch ist nur die inoffizielle Eigentumsangabe »Deutsche Wehrmacht« über der Angabe der Eisenbahndirektion Winniza und die Schreibweise »Bw Kirowo« für den südukrainischen Heimatort der Maschine.
Das Foto ist eines der ganz wenigen der dem Buch zugrundeliegenden Sammlung, das aus dem Jahr 1941 stammt. Es war am 8. Oktober 1941 im »Völkischen Beobachter« abgedruckt, zwei Tage vor jener Ausgabe dieses Blattes, die mit den Schlagzeilen erschien: »Der Feldzug im Osten entschieden – Das militärische Ende des Bolschewismus!« Wie man später feststellen mußte, war auch dies wieder ein Irrtum.

L. Schuster, München: »In langen Reihen stehen russ.Lokomotiven zerstört oder ihrer Triebstangen beraubt auf den Strecken«

Wer diese abgestellten Lokomotiven so stimmungsvoll fotografieren kann, erweist sich mitten im Lärm des Krieges als Meister der Eisenbahnfotografie auch an sehr stillen Motiven! Die Wintersonne scheint auf die Щ (Schtsch) 1652, eine der vor dem Ersten Weltkrieg in 1850 Ausführungen gebauten 1'Dn2v- und 1'Dh2-Güterzugloks. Die südukrainische Lok hat von deutscher Seite die Aufschriften »EBD Odessa« und »Bw Beresowka« erhalten. Nützen wird sie ohne Stangen nichts. Hat der Fotograf solange gewartet, bis die Wolke am Schornstein »paßte«?
Es folgen eine Cy (Su) mit vollständigem Triebwerk und eine ex-polnische Tr 12.

messer wie die Cy und der Achsfolge 1'D2', die mit den Initialen Stalins bezeichnete ИС (IS). 650 Exemplare wurden in Kolomna und Lugansk bis 1941 auf die Schienen gestellt.

Die großzügige Erweiterung und Leistungssteigerung des Wagen- und Lokomotivparks (sowie auch die im Kaukasus beginnende Elektrifizierung mit Gleichstrom) entsprach der Verkehrsentwicklung: Nach Stagnation in Weltkrieg, Bürgerkrieg und früher Sowjetzeit vervierfachte sich die Transportleistung der Sowjetischen Staatsbahnen zwischen 1928 und 1940 sowohl im Güter- als auch im Personenverkehr.

Die deutsche Fahrzeugbeute in der Sowjetunion fiel geringer aus als erwartet. Bis Ende August 1941 fielen etwa tausend sowjetische Loks in deutsche Hände, davon die Hälfte betriebsfähig. Da der Überraschungseffekt beim weiteren Vormarsch entfiel und beim sowjetischen Rückzug fortan auf die Mitnahme der Lokomotiven geachtet wurde, erhöhte sich diese Zahl nicht mehr bedeutend. Am 9. Mai 1942 wurden »im Osten« 315 normal- und 1059 breitspurige Beuteloks erfaßt, davon 162 bzw. 417 betriebsfähige. Am 17. März 1943 wurden an erbeuteten Breitspurfahrzeugen erfaßt 1338 Loks, 2315 Personenwagen, 5229 Kesselwagen und 76588 sonstige Güterwagen. Aufgrund des Kriegsverlaufes konnten diese Beutebestände fortan nicht mehr vergrößert werden.

Hollnagel, Hamburg: »Russische Lokomotive«

Nur wenige modernere und größere Lokomotiven fielen in deutsche Hand. Hier wird gerade die ИС (IS) 20-475 der Direktion Odessa inspiziert, eine Lok, die mit ihren Boxpok-Rädern und ihrem sechsachsigen Tender recht gut ins zeitgenössische Amerika passen würde. Imposant wirken die Zylinder mit 670 mm Durchmesser und 770 mm Kolbenhub. Die Initialien in der Reihenbezeichnung stehen für Josef Stalin, und ein Namensschild des Diktators war auch bei allen 1650 Maschinen an der Rauchkammer angebracht. Zuviel Optimismus verrät das »U« für »Umspuren« am Führerhaus: Den Rahmen und die 13 Radsätze solcher Giganten auf Normalspur zu bringen, war zu aufwendig.

СССР
ЗАП. Ж. Д.
Deutsche
ИС 20-113

L. Schuster, München: »Zerstörte russ. Lok«

Nein, das war natürlich entgegen dem offiziellem Bildtext keine Lok, sondern ein ausgebrannter und ausgeglühter kleiner Kesselwagen älterer Bauart. Wir sind bei den Beispielen für sowjetische Güterwagen angelangt.

Bandelow: »Umgespurter russ. Kesselwagen«

Auch vor 55 Jahren schon fast ein Museumsstück war dieser zweiachsige Kesselwagen mit seitlichem Bremserhaus und robuster Handbremsmechanik. Er diente (als Wasserwagen?) dem EAW Minsk.

Donath, Berlin: »Betriebsfähige Sowjetlok im EBW Smolensk Ost«

Das Kapitel über sowjetische Lokomotiven schließt wieder mit einer Führerhausansicht. Ob ИС (IS) 20-113 von der Westbahn allerdings entsprechend dem offiziellen Bildtext wirklich in verwendbarem Zustand übernommen werden konnte, bleibt angesichts ihres Zustandes etwas zweifelhaft. Jedenfalls hat sie die Anschrift »Deutsche Wehrmacht« erhalten, was das Reichsverkehrsministerium mit Schreiben vom 3. Oktober 1941 an den Transportchef untersagte, um militärischen Begehrlichkeiten auf die Eisenbahnverantwortlichkeit »im Osten« schon auf dieser symbolischen Ebene entgegenzutreten.

L. Schuster, München: »russ. 50 to-Kesselwagen«

Modernen Bauprinzipien entsprach der geschweißte Großraumkesselwagen auf Drehgestellen mit nur innen in ganzer Fahrzeuglänge durchgeführten Längsträgern. Als neue Eigentümerin hat sich die »CFR ROMANIA« verewigt. Rumänien erhielt ja aus den frühen Gebietserwerbungen des Ostfeldzuges nicht nur die kurz zuvor durch sowjetische Erpressung verlorenen Gebiete Bessarabien und Nordbukowina, sondern auch »Transnistrien«, zu deutsch das Gebiet »jenseits des Dnjestr«.

Bandelow: »Umgespurter russ. Kesselwagen«

Dieser Wagen mit etwas schwächerem Rahmen für 42 t Ladung hat die Inschrift »Deutsche Reichsbahn Ru« mit dem Kennzeichen für das Übergangsverbot ins alte Normalspurnetz erhalten. Da Rohöl und die daraus gewonnenen Treibstoffe die wichtigsten Güter waren, die der deutschen Kriegswirtschaft aus dem »Osten« zufließen sollten, wurde auf die Ausnutzung des eroberten Kesselwagenbestandes besonderer Wert gelegt. Auch hier ist mit den »Diamond«-Drehgestellen ein typisch amerikanisches Element erkennbar.

H. J. Bandelow, Berlin: »Russischer Zug aus Holz«

Der »Zug« ist nicht »aus Holz«, sondern der im EAW Gomel eingesetzte Wasserwagen ist mit einer massiven Wärmeisolierung ausgestattet.

Schuster, München: »Russischer Kühlwagen«

Mit geöffneten Achslagerdeckeln präsentiert sich der mächtige »Lednik«, zu deutsch »Eisschrank«, in der Wintersonne.

H. J. Bandelow, Berlin: »Zerstörte sowj. Wagen« Freigegeben durch OKW (Heer) und Presseabteilung der Reichsregierung am 15.4.43

Diese wohl schon im Vorfeld des deutschen Einmarschs bombardierten und ausgebrannten offenen Großgüterwagen sind zwischen den Betriebsgleisen einfach stehengeblieben. Weiter hinten stehen Normalspurwagen, darunter ganz links einer von der Belgischen Staatsbahn.

Bahnhöfe, Betriebsstellen, Verwaltungs-gebäude

H. J. Bandelow: »Bahnhof im Osten«
Freigegeben durch OKW (Heer) und Presseabteilung der Reichsregierung am 27.4.43

Die Szenerie im Bahnhof Zelwa könnte als friedliche Idylle wirken, wäre da nicht das martialische Transparent mit einem Text, der in einer Zeit der wachsenden Zweifel am Sieg ersonnen wurde. So klein das Gebäude ist, die Funktion des Bahnhofs war bedeutend: Nach der Beinahe-Annexion des Bezirkes Bialystok war er der östlichste Bahnhof der RBD Königsberg und damit der ganzen Deutschen Reichsbahn und Grenzstation zwischen Reich und besetztem Gebiet auf der Magistrale Warschau–Minsk. Am Eingang ist das Schild des Zollamtes erkennbar.
Auch solche Tatsachen waren geheim: Auf dem Originalabzug war der Bahnhofsname mit dickem Bleistift durchgestrichen.

ZELWA
ssen rollen für den Sieg"
Zollamt
Zelwa

H. J. Bandelow, Berlin: »Auf einem Bahnhof im Osten«,** gestrichen: **»Bahnhof Dnjepropetrowsk« Freigegeben durch OKW (Heer) und Presseabteilung der Reichsregierung am 15. 4. 43

Orientalische Anklänge zeigte die Architektur des teilweise zerstörten Bahnhofs Dnjepropetrowsk. Eine mittelfränkische Firma ist mit dem Wiederaufbau beauftragt. Die Sprengung beim Rückzug 1943 wird dann wieder Sache der Wehrmacht sein.

Die Sachausstattung einer Eisenbahn besteht nicht nur aus Schienen, Lokomotiven und Wagen. Tausende von Bahnhofsgebäuden, Stellwerken, Blockstellen, Lokschuppen und Verwaltungsgebäuden jeden Alters und jeden Bauzustandes aus einer auch in Rußland schon mehr als hundertjährigen Eisenbahngeschichte nahmen die deutschen Soldaten und sodann die deutschen Eisenbahner entlang der Strecken zwischen Ostsee und Schwarzem Meer in Besitz, unversehrt das eine, ausgebrannt das nächste, gesprengt das dritte. Im ehemals österreichischen Galizien zwischen Lemberg und Czernowitz war die mitteleuropäisch geprägte k.u.k.-Architektur aus der Zeit vor 1914 noch vorherrschend. Für den altrussischen Bereich war typisch die Holzbauweise vor allem der kleineren Bauwerke. Die Sowjetmacht hatte mit dem Aufkommen neuzeitlicher Baustoffe wie Stahlbeton auch die klare und sachliche Formensprache der 20er Jahre gewählt, ehe ab etwa 1935 Stalins überladen-repräsentative »Zuckerbäckerarchitektur« in Mode gekommen war.

Schuster, München: Bombentrichter auf einem Bahnhofsvorplatz im Osten«, *handschriftlich:* ***»Odessa«***

Vor dem prunkvollen Bahnhof der Schwarz-Meer-Hafenstadt und auch in seinem linken Seitenflügel haben deutsche Bomben vor oder sowjetische Bomben nach dem 16. Oktober 1941 mächtig eingeschlagen. Die Eroberer waren hier übrigens die Rumänen, deren Flagge auch auf dem Gebäude weht.

Vorgefundene Zerstörungen und neue Verkehrsaufgaben verlanlaßten die deutsche Besatzungsmacht alsbald zu einer umfangreichen – und noch 1941 in keiner Weise einkalkulierten – Bautätigkeit. Die Programme »Ostbau 1942«, »Winterostbau 1942« und »Ostbau 1943« sahen umfassende Eisenbahninvestitionen von Umspur- und Neubaugleisen über Bahnhofs- und Blocksignale, Fernsprechleitungen und frostsichere Wasserstationen bis zu Hochbauten aller Art vor. Allein im Bezirk der RVD Minsk waren nur mit Bauarbeiten beschäftigt: 16 932 Mann am 1. Juni 1942 und 35 552 Mann am 15. September 1942. Bis September 1943 wurden fertig Hochbauten mit etwa 1,5 Millionen m^3 umbautem Raum. Der größte Teil der gesamten Baukapazität der Deutschen Reichsbahn war ab Frühjahr 1942 in der Sowjetunion gebunden. Die vor dem Krieg für den Bau des Westwalls gegründete »Organisation Todt«, der Reichsarbeitsdienst und neue Formationen wie der »Baustab Speer« waren mit zehntausenden von Arbeitskräften »im Osten« vertreten. Hunderttausende einheimische Männer und Frauen leisteten unter Zwang schwerste Hilfsarbeit. Nur ein geringer Teil der gigantischen Aufbauleistung war später nutzbar: Beim Rückzug sprengte und verbrannte die Wehrmacht mit großer Systematik das zurückgelassene volkwirtschaftliche Potential.

Unsere Bildfolge kann nur einen knappen Überblick über die Vielfalt der Gebäude liefern, die 1941 und 1944 für deutsche Eisenbahner zum Arbeitsplatz – und zur dienstlichen »zweiten Heimat« – wurden, und wenige Beispiele vom kriegerischen Universum des Bauens und Zerstörens zeigen.

Schuster, München: »Fahrdienstleiterbude im Osten«

Im Vergleich zu Odessa ist dieses Gebäude am absolut anderen Ende des Spektrums der Bahnhofsarchitektur angesiedelt. Borschtschi ist ein Knotenbahnhof im südlichen Teil der Strecke Lemberg – Odessa.

Below, Stettin: »Zerstörtes Empfangsgebäude im Osten«

Gomel war ein wichtiger Knotenpunkt etwa in der Mitte des deutschen Besatzungsgebietes in der Sowjetunion. Das Empfangsgebäude des dortigen Westbahnhofes läßt unter dem Behelfsdach die Merkmale traditioneller russischer Holzarchitektur erkennen.

L. Schuster, München: »Blockstelle im Osten«

Geradezu romantisch wirkt die Blockstelle Chrabowka irgendwo in der Ukraine.

Fritz Korte: »Blockstelle an einer Brücke im Osten«

Ob Gomel in Weißrußland oder Chrabowka in der Ukraine, ob rumänisch beanspruchtes Odessa am Schwarzen Meer oder hier ein Weichenstellerhäuschen in Lettland tausend Kilometer weiter nördlich: Alles wird von den Schreibtischtätern der nationalsozialistischen Großraum- und Volkstumspolitik großzügig unter »Osten« zusammengefaßt, als habe es in diesem riesigen Gebiet ganz unterschiedliche Völker, Kulturen und Sprachen nie gegeben. Im Ergebnis dieser Politik sollte Lettlands Strom jahrzehntelang weder Düna noch Daugav heißen, sondern Dwina – und zwar in kyrillischer Schrift!

H. J. Bandelow, Berlin

Der zunehmende Partisanen- und Bombenkrieg ließ – nicht nur im besetzten Osten – die Aufstellung seriengefertigter Betonbunker ratsam erscheinen. Im Falle eines allzu nahen Volltreffers konnten sie freilich zum Sarg werden…

H. J. Bandelow, Berlin: »OT baut für die Reichsbahn« Freigegeben durch OKW (Heer) und Presseabteilung der Reichsregierung am 13. 8. 43

Die »Organisation Todt« war die Arbeitsarmee von Fritz Todt, der bereits den Bau der Reichsautobahnen und des Westwalls organisiert hatte. Die Tätigkeit seiner Organisation im Rahmen der »Ostbau«-Programme sollte er freilich nicht mehr erleben: Am 8. Februar 1942 kam er durch einen Flugzeugabsturz ums Leben. Dieser Tag fiel in jene heiße Phase, in der nach der Niederlage vor Moskau die Karten der Machtverteilung in Sachen Rüstung und Verkehr neu verteilt wurden. Der so auffallend termingerechte Helden-Tod(t) eines potentiellen Konkurrenten des Reichsministers für Bewaffnung und Munition Albert Speer ließ mancherlei Spekulationen aufkommen. Doch dafür werden sich die OT-Männer und die einheimischen Bauarbeiter an einem Stellwerk »im Osten« kaum interessieren. Der Lastwagen ist ein erbeuteter sowjetischer GAS, der nach einer Fordlizenz gebaut worden war.

Fritz Korte, Berlin: »Stützpunktartiger Ausbau eines Haltepunktes im Osten. So sichern die deutschen Eisenbahner ihren kleinen Stützpunkt und damit den Verkehr zur Front gegen heimtückische Bandenüberfälle.«
Freigegeben durch OKW (Heer) und Presseabteilung der Reichsregierung am 28. 5. 43

Die Bedrohung durch Partisanen machte die verschiedensten Vorsichtsmaßnahmen und Schutzvorrichtungen notwendig, die freilich bei Nacht und bei undurchsichtigem Wetter doch stets nur begrenzte Sicherheit bieten konnten. Hier hat man massive Holzbarrikaden vor der Dienstbaracke errichtet und durch das Fällen der hierzu benötigten Birken auch noch die Sicht verbessert. Ein wenig erinnert die Szenerie an den Wilden Westen – und an den Schriftsteller, der den Deutschen das vor fünfzig Jahren noch gültige Bild von der amerikanischen Pionierzeit geliefert hatte, nämlich an Karl May. Der Sachse war übrigens der Lieblingsschriftsteller des »Führers«, und es ist überliefert, daß Hitler sich in vielen Lagebesprechungen zur Problematik des Partisanenkrieges ausdrücklich auf Wissensschätze aus den Werken Karl Mays bezog. Für den »Endsieg« half solche Buchgelehrsamkeit freilich wenig.

Below, Stettin

Beklemmend müssen die Arbeitsbedingungen am Block Kalna irgendwo in den Wäldern Weißrußlands gewesen sein. Das stundenlange Ausharren in der getarnten Wärterbude konnte hier genauso zum Himmelfahrtskommando werden wie die paar Schritte zum Weichenhebel, denn wer kann hier schon Tag und Nacht wirklich effektiv die Annäherung von Partisanen mit Schußwaffe, Handgranate oder Brandsatz verhindern?

Von der Ausweichstation im Wald zur großen Zentralbehörde: In Minsk, das von Juli 1941 bis Juli 1944 ziemlich genau drei Jahre unter deutscher Herrschaft stand, residierte eine Reichsverkehrsdirektion für das weißrussische Netz. Die Betonarchitektur des Gebäudes ist modern und erinnert an US-Vorbilder und die – von den Nazis verpönte – Bauhaus-Schule.

Schuster, München: »Einfahrt zu einer Eisenbahndirektion im Osten«

Eine Eisenbahn-Betriebsdirektion (siehe Schild!) entstand durch die Zusammenfassung mehrerer an einem Ort ansässiger Eisenbahn-Ämter. Diese Organisationsform wurde anfangs im besetzten Gebiet häufig gewählt, mit Verfügung vom 17. Juli 1943 außer in Riga, Wilna und Reval jedoch wieder beseitigt. »Aus politischen Gründen« wollte man den baltischen Ländern jeweils eine Eisenbahn-Zentralbehörde belassen. Daß im rumänisch beanspruchten Odessa eine deutsche Betriebsdirektion amtierte, ist aus der Teilung der Betriebsführung in »Transnistrien« mit Wirkung vom 19. Januar 1942 zu erklären. Auf folgenden Strecken führte die CFR den Betrieb:
Odessa–Kolosowka–Bugbrücken bei Wosnessensk und Nikolajew; Rudnica–Gajworon; Wapnjarka–Sjakowzy und Shmerinka–Mogilew-Podolskij.
Auf den Strecken Shmerinka–Slobodka–Odessa und Birsula–Golta oblag die Betriebsführung der HBD Süd.
Die rumänische Eisenbahnhoheit wurde aber mehr und mehr ausgehöhlt: Ab 15. 11. 1943 verfügte der deutsche Transportbevollmächtigte in Odessa über »graue« und »blaue« Verbindungsoffiziere bzw. -beamte bei den größeren Dienststellen in Transnistrien, und am 28. März 1944 übernahm die »RVD Dnjepropetrowsk in Odessa« die Betriebsführung auf allen Strecken zwischen Dnjestr und Bug.

Wagen als Wohnung und Werkstatt

W. Steiner, Berlin: »Ochsengespann bringt Trinkwasser«

Mit einem einfachen Schlitten wird zur Winterszeit das Wasserfaß zu dem preußischen Schlafwagen gebracht, in dem durchaus auch Hindenburg oder Ludendorff im vorigen Weltkrieg schon dienstlich genächtigt haben könnten.

Nicht nur Gebäude wurden zu Kriegsquartieren fern der Heimat, sondern auch Eisenbahnwagen verschiedenster Bauarten. Schon im Ersten Weltkrieg hatten Speise- und Salonwagen als militärische Besprechungsräume, Schnellzugwagen als Offiziers- und Güterwagen als Mannschaftsquartiere, Gepäckwagen als Küchen und Personenwagen als Lazarette herhalten müssen, und zwar nicht nur während der langen Transporte, sondern auch in Zeiten des Stillstandes, wenn Gebäude nicht zur Verfügung standen oder mit erneuter Verlegung zu rechnen war. So wurden Eisenbahnwagen zu Dienstsitz und Dienstwohnung für Wochen und Monate.

Im Zweiten Weltkrieg war das nicht anders, zumal »im Osten«, wo die bauliche Ausstattung rings um die Bahnhöfe vielerorts spärlicher war als in zentraleren Bereichen Europas. Die Partisanendrohung ließ schließlich die Besatzungsorgane immer mehr um die Bahnhöfe herum zusammenrücken, wo am ehesten ein gewisser Schutz zu gewährleisten war.

Die ersten drei Bilder des Kapitels handeln von der Versorgung mit kostbarem Wasser.

M. Ittenbach, Berlin: »Am Küchenwagen eines Bauzuges«

Lok und Küche brauchen Wasser! Eine lebendig aufgenommene Sommerszene auf einem Unterwegsbahnhof. Der sechsachsige Schlafwagen mit Ofenheizung stammt aus der entschwundenen Zeit luxuriösen Reisens »im Frieden«, was einst nicht hieß »vor 1939«, sondern »vor 1914«! Der polnische Tender 32D29 deutet auf eine Pt 31 (19^1) oder Ty 23 (58^{23}) als Zuglok hin.

M. Ittenbach, Berlin: »Morgenwäsche am Bauzug«
Freigegeben durch OKW (Heer) und Presseabteilung der Reichsregierung am 25. Aug. 1942

Der Lokomotivwasserkran wurde zu Wasserspender und Dusche für die Arbeiter. Die sowjetischen Arbeiter tragen zum Teil ehemalige Uniformstücke der Wehrmacht. Das gemeinsame Leben und Arbeiten erzeugte zwischen deutschen Eisenbahnern und einheimischen Hilfskräften oftmals mehr Kameradschaft, als es den Verkündern der offiziellen Lehre vom »Untermenschen im Osten« lieb war. Der Güterzuggepäckwagen trägt die Kreideaufschriften »Feldpost« und »Zutritt verboten«. Ihm folgt ein österreichischer Personenwagen und ein französischer gedeckter Güterwagen.

H. J. Bandelow, Berlin: »Freizeitgestaltung vor einem Reichsbahnbauzug im Osten«
Auf einer anderen Aufnahme desselben Motivs: Freigegeben durch OKW (Heer) und Presseabteilung der Reichsregierung am 26. 10. 42

Solche Fotos wurden mit Vorliebe veröffentlicht, denn so sauber, anständig und friedlich sollten sich Mütter, Frauen und Freundinnen in der fernen Heimat die »deutsche Arbeitskameradschaft im Osten« vorstellen. Dem alten preußischen Nebenbahnwagen hat man ein provisorisches Tonnendach über das Oberlichtdach gestülpt.

Zünftigkeit mit Akkordeon und Unterhose

Hier spielt das Trio vom oberen Bild plötzlich vor dem zum Werkstattwagen gewordenen Nebenbahnpackwagen, dessen Bauart von Güterwagen abgeleitet war. Der schnelle Stellungswechsel der scheinbar so entspannten Gemütlichkeitstruppe legt den Verdacht nahe, daß die Aufnahmen für den Fotografen arrangiert wurden.

Fritz Korte: »Wasserbauzug der OT auf einer Strecke im Osten«

In einem russischen Vierachser und zwei französischen Zweiachsern hat sich die »Organsiation Todt« etabliert, um für Fluß- und Kanalbauarbeiten mobil zu sein. Tarnanstriche der hier gezeigten Art boten jedoch erfahrungsgemäß wenig Schutz vor Luftangriffen oder Partisanen.

Below, Stettin

Dieser »GG russisch« der RVD Riga ist durch Tiefflieger schwer beschädigt worden. Ob die Maschinengewehrgarben Tote oder Verletzte gefordert haben, ist nicht bekannt. Die Befestigung der Schienen in den aus Frankreich und England bekannten »Schienenstühlen« erinnert an die Zeit, als ausländische Gesellschaften im zaristischen Rußland Bahnen bauten und betrieben.

M. Ittenbach, Berlin: »HJ in Nikolajew«

An politische Winkelzüge im besetzten Gebiet erinnert dieses Bild. Dort, wo die Bürokraten und Ideologen des »Rasse-und Siedlungshauptamtes« nach den zwischen Hitler und Stalin vereinbarten und eilig verwirklichten »Umsiedlungen« deutscher Minderheiten »heim ins Reich« doch noch Volksdeutsche antrafen, begannen sie damit, die »Volksgemeinschaft« im nationalsozialistischen Sinne zu »organisieren«. So entstand also im fernen Schwarz-Meer-Gebiet eine »Hitler-Jugend«, deren Spielmannszug bei irgendeiner Propagandafahrt abgelichtet wurde. Erwähnenswert ist auch das Plakat am Güterwagen der Gattung »Oppeln«. Es verkündet: »Kriegsbrandstifter und Mörder Stalin, nun kommt das Ende«. Mit einer Propaganda der Befreiung von Stalin im Sinne einer positiven Botschaft für die unterdrückten »Ostvölker« begannen die Nazis jedoch erst in der Rückzugsphase ab 1943. Da aber war Hitlers Ruf als Kriegsbrandstifter und Mörder bereits gefestigt, jedes der nun ins antibolschewistische »Europa« eingeladenen Völker hatte an die nationalsozialistische Vernichtungspolitik bereits einen ungeheuren Blutzoll entrichtet – und jeder wußte, daß Stalin den auf dem Plakat karikierten Würgegriff eines Armes mit Hakenkreuz am Uniformärmel bereits nicht mehr zu fürchten hatte.

M. Ittenbach, Berlin: »Brücke über die Bahn in Charkow«

Der ostukrainische Bahnknoten war von 24. Oktober 1941 bis 15. Februar 1943 und von 14. März bis 23. August 1943 in deutschem Besitz. Der Bahnhof zeigt schwere Beschädigungen, die Brücke ist behelfsmäßig wiederaufgebaut. Der auf Güterwagenbasis erbaute sowjetische Lazarettzug dient nun der Wehrmacht. Die einheimischen Jugendlichen verkaufen vermutlich irgendetwas. Bemerkenswert ist auch das moderne Lichtsignal.

Below, Stettin

Der Ofen zur Beheizung des russischen Vierachsers ist genauso voluminös wie der Herd, auf dem das Essen gekocht wird. Der Mann, der sich auf die Suppe freut, gehört ausweislich seiner Uniform zu einer der Polizeieinheiten, die sich nach dem Einmarsch mit der Erschießung der Juden und später mit der Ausrottung partisanenverdächtiger Dorfeinwohnerschaften befaßten.

Gleisbau

M. Ittenbach, Berlin: »Kiew«

Hier werden im Hauptbahnhof zu Kiew Gleise umgespurt oder repariert. Hinten steht ein Stellwerksbauzug aus der RBD Halle.

Die provisorischen Wiedcrinbctriebnahmen und ersten Umspurungen des Jahres 1941 und der ersten Monate des Jahres 1942 führten dazu, daß Ende April 1942 im besetzten Teil der Sowjetunion ein Streckennetz von 23 023 km befahrbar war, davon 20 309 km in Normalspur und 1260 km in Breitspur. Sodann begann eine umfassende systematische Bautätigkeit an Bahnhofs- und Streckengleisen. Die im Kapitel »Gebäude« schon erwähnten »Ostbau«-Programme führten auch auf diesem Gebiet zu eindrucksvollen Zahlen: Allein in der HVD Minsk wurden 1941 bis 1943 insgesamt 124 wiederaufgebaute und 457 neue Brücken mit einer Gesamtlänge von knapp zehn Kilometern sowie 9055 km umgespurtes Gleis, 868 km wiederaufgebautes und 340 km neues Gleis bilanziert. Beispielsweise im Bereich der RVD Riga wurden 7500 km Gleis umgespurt, 2250 km Gleis neu verlegt und 5180 Weichen eingebaut.

Die Maßnahmen dienten der Steigerung der Kapazität sowie der Erhöhung der betrieblichen Flexibilität. So wurden eingleisige Strecken mit einem zweiten Gleis ausgestattet, Bahnhofsgleise vermehrt und verlängert sowie Ausweichschleifen und -kurven um gefährdete Knotenpunkte herum gelegt. Hinsichtlich der grundsätzlichen planerischen Überlegungen konnte man Erfahrungen aus dem Ersten Weltkrieg heranziehen: Auch damals hatten deutsche Baueisenbahner und einheimische Arbeiter zwischen Flandern, Mazedonien und Litauen tausende von Kilometern Strecke saniert oder neugebaut. Ebenfalls an Vorbilder aus dem Ersten Weltkrieg knüpfte der Bau von Schmalspurbahnen an. Fertig wurden etwa 2000 km in 600 mm und 750 mm Spur.

In dem 1942 eroberten und bereits im Frühjahr 1943 wieder aufgegebenen Gebiet östlich von Charkow und Rostow in Richtung Stalingrad und Kaukasus unterblieben Umspurung und sonstige größere Arbeiten am Streckennetz. Die Zeit der deutschen Präsenz langte hier nur für die provosorische Wiederinbetriebnahme des weitmaschigen Breitspurnetzes.

Fast der gesamte Gleisbau wurde in Frost und Hitze, in Wäldern, Sümpfen und Steppen in Handarbeit durchgeführt. Ein großer Teil der für den deutschen Bahndienst verpflichteten Einheimischen kam im Gleisbau zum Einsatz.

M. Ittenbach, Berlin: »Gleisarbeiten mit russ. Arbeitern«
Freigegeben durch OKW (Heer) und Presseabteilung der Reichsregierung am 25. Aug. 1942

Weichenumbau mit der Schienenzange im Sommer …

Fritz Korte, Berlin:
»Streckenbau im Osten«
Freigegeben durch OKW (Heer) und Presseabteilung der Reichsregierung am 18. 5. 43

... und Bau des zweiten Streckengleises mit der Schienenzange im Winter

Below, Stettin

Hier sind, aus welchen Gründen auch immer, neue Gleisanlagen erstellt worden. 56 332 absolviert die Probefahrt. Sie hatte zum Bw Frankfurt (Main) 2 gehört und war am 20. August 1941 zum Osteinsatz abgefahren.

Below, Stettin

Dieses Bild derselben Anlage zeigt, wie die auf Sand gebetteten Gleise in engen Schneisen durch den Wald geführt wurden. Angaben zum Zweck der Baumaßnahme fehlen. Die Vegetation deutet auf eine nördliche Region hin.

M. Ittenbach, Berlin: »Inkermann«

Umspurung mit Hilfe sowjetischer Kriegsgefangener in der Sommerhitze auf der Südspitze der Krim nahe der mittelalterlichen Höhlenfestung von Inkerman …

M. Ittenbach, Berlin: »Der Arbeitszug nimmt Schwellen mit«

… und Altschwellenbergung einige hundert Kilometer weiter nordwestlich im winterlichen Ostpolen mit einer Lok österreichischer Bauart

Below, Stettin

Dieser Bahndamm wird durch Aufschüttung erhöht. Warum das erforderlich ist, kann ohne Kenntnis der Umgebung nicht erschlossen werden. Im Bauzug sind näher zur Lok hin deutsche O-und R-Wagen eingereiht. Die sowjetischen Wagen im Vordergrund haben noch die automatische Kupplung. Die »Blauen Eisenbahner« sind für die Schipparbeiten weniger praktisch gekleidet als die russischen Arbeiter. Ein wachsamer Blick schweift in die Ferne, denn der Feind ist überall …

Below, Stettin

Wehrmacht, Bahnschutz, Reichsbahn, Organisation Todt und sowjetische Eisenbahner beobachten die Montage der Weiche, für die der Arbeiter eine unbequeme Körperlage einnehmen mußte. Die Variationsbreite der jeweiligen Uniformen ist beachtlich. Allein drei verschiedene Kopfbedeckungen kommen vor.

M. Ittenbach, Berlin:
»Gleisarbeiten im Osten«
Freigegeben durch OKW (Heer) und Presseabteilung der Reichsregierung am 3. November 1942

Hochwasserschäden, wie sie insbesondere aus Poltawa vom Frühjahr 1942 überliefert sind, müssen hier behoben werden.

Hollnagel, Hamburg

Diesen Bauzug führt eine polnische Ty 23 (DR 58^{23}). Das Abladen der schweren Schienen wird von Hand bewältigt: Unsere ganze Bilderfolge über Gleisbau und Umspurung hat nicht eine einzige Gleisbaumaschine, keinen Kran und keinen Bagger gezeigt.

Strecken in einem weiten Land

Zweigleisige Strecke in der Weite der Sowjetunion

Kein Urhebervermerk und kein offzieller Text steht auf der Rückseite dieser stimmungsvollen sommerlichen Streckenaufnahme. Die nicht ganz symmetrische Lage der Schienen auf den Schwellen verrät die Umspurung.

H. J. Bandelow, Berlin

Ein Kreuzungsaufenthalt irgendwo in der Sowjetunion. Der rückwärts vor den Güterzug gespannten 57^{10} ist ein einzelner Leerwagen vorangestellt, der Minen auslösen soll, bevor die Lok sie erreicht. Der erste Wagen des Zuges gehört der Italienischen Staatsbahn. Im Hintergrund sehen wir schon den Gegenzug herandampfen.
Das Bild stammt aus der Zeit kurz vor der Übergabe der Strecke von der Wehrmacht an die Reichsbahn: Auf dem Gleis ganz rechts ist ein Schienen-LKW der Feldeisenbahner erkennbar. Die Signale der Reichsbahn sind noch als ungültig ausgekreuzt, doch bald wird hier die gewohnte deutsche Bahnhofsfahrordnung herrschen. Die Signalmasten tragen die Kennbuchstaben B und C in lateinischer und kyrillischer Schrift.

Zu den Geschichten, die man während des Krieges besser nicht allzu laut erzählte, gehört folgende: Ein altes Mütterchen macht sich Sorgen über die wachsende Zahl von Kriegsgegnern des Deutschen Reiches. Sie geht zu einem Nachbarn, der einen Globus besitzt, und läßt sich von ihm zeigen: »Hier ist das Großdeutsche Reich. Und das sind die USA; das ist England, und hier sehen Sie Kanada, Indien und Australien, die gehören da noch dazu.« »Und Rußland?« »Das alles hier ist die Sowjetunion.« – Erstauntes Schweigen. – Und dann: »Ja, weiß denn das der Führer?«

Liest man nach, welche Konzeptionen für den Vormarsch und welche Vorstellungen über die Beherrschung des »Ostraumes« nach dem Sieg Hitler und seine engsten Berater 1940/41 formulierten, und vergleicht man damit die praktischen Erfahrungen vom Herbst 1941 an, so kann man sich des Eindrucks nicht erwehren, daß sich ein siegestrunkener Diktator hier ganz einfach unglaublich verschätzt hat. Dies betraf die Reichweite motorisierter Vorstöße genauso wie die Möglichkeiten des Nachschubes per Lastkraftwagen, den Kräftebedarf für die Kontrolle eines unermeßlichen Hinterlandes genauso wie die Sicherung einer tausend Kilometer langen Front, und ebenso natürlich auch den Personal- und Fahrzeugbedarf für den Bahnbetrieb auf tausenden und abertausenden von Kilometern Strecke im fremden Land.

Zur Verdeutlichung nur ein paar Entfernungsangaben aus alten Kursbüchern: Vom Schlesischen Bahnhof zu Berlin fuhr man 789 km nach Brest-Litowsk und 1889 km bis Moskau. Von Bukarest, der Hauptstadt

M. Ittenbach, Berlin: »Auf stählerner Spur« Freigegeben durch OKW (Heer) und Presseabteilung der Reichsregierung am 10.9.1942

Eine 56^{20} wartet auf Ausfahrt. Der unbekannte Bahnhof ist bereits mit deutschen Signalen ausgestattet, Sandbettung und Bauform des Wärterhauses deuten auf einen Aufnahmeort im vormals österreichischen Galizien hin. Die Lok trägt zwar nur noch ein Nummernschild und ein Gattungsschild mit aufgemalten Ziffern, der Hoheitsadler und das Schild »Bw Liegnitz« sind aber noch in friedensmäßiger Metallausführung vorhanden. Die Heimatangabe gilt derzeit nicht, denn in Farbe ist (schwach erkennbar) aufgemalt »DR-Ost«. Nach Feldzugsende sollten die »nach Osten verliehenen« Lokomotiven selbstverständlich wieder in die Heimatdirektionen und -betriebswerke zurückkehren, doch nach dem Krieg gab es kein Reichsbahn-Bw Liegnitz mehr, und so manche 56^{20} war zur »TO« der Sowjetischen Staatsbahn geworden.

des Bündnispartners im Südosten, waren bis Moskau 2005 km zurückzulegen. Nach Lemberg, einst zu Österreich, bis 1939 zu Polen und zuletzt zur Sowjetunion gehörend, fuhr man von Berlin-Charlottenburg aus 681 km und von Wien Nord 755 km. Die Strecke Lemberg–Moskau mißt weitere 1499 km. Von Lemberg nach Kiew sind es 627 km, von Kiew nach Rostow 1097 km und von dort zur Betriebsspitze des Spätsommers 1942 in Mosdok nördlich des Kaukasus noch einmal 642 km. Von Berlin bis hierher waren also 3047 Kilometer zurückzulegen, und zwar im wesentlichen mit älteren Güterzuglokomotiven und auf schlecht verlegten und provisorisch reparierten Gleisen und somit selbst im günstigsten Falle gerade einmal mit 40 oder 50 Stundenkilometern! Durchmißt man den deutschen Machtbereich in seiner größten Ausdehnung 1942/43 in nord-südlicher Richtung, so kommt man von Leningrad nach Odessa auf 1795 km und von Riga nach Stalingrad auf 1917 km.

Das alles war aber immer noch bei weitem nicht die ganze Sowjetunion oder auch nur der größte Teil von ihr: Von Moskau nach Novosibirsk erstrecken sich weitere 3343 km, nach Irkutsk 5191 km, nach Zabaikalsk 6666 km, nach Chabarowsk 8531 km und schließlich nach Tichookeanskaja an der Pazifikküste die kaum mehr vorstellbare Entfernung von 9441 Schienenkilometern. Ob das der Führer wußte?

Unsere Bilder illustrieren nicht Kilometerzahlen, geben aber einen Eindruck von der Weite des Landes wieder – eines Landes, das man gerade auch um dieser Weite willen achten und lieben sollte, anstatt es beherrschen und vernichten zu wollen.

M. Ittenbach, Berlin

Eine Zugbegegnung irgendwo »im Osten«. Der entgegenkommende Zug ist wiederum mit einer 56^{20} bespannt. Zweigleisig ausgebaut waren in der Sowjetunion nur einige wichtige Magistralen. Immer wieder fällt der einfache Oberbau auf, der auch dem modernen sowjetischen Lokomotivbau eine Beschränkung auf 16 t Achsfahrmasse auferlegte.

Hollnagel, Hamburg: »Eisenbahnbrücke im Osten«

Eine 55^{25}, vormals preußische G 8^1, überquert einen Fluß in der Ukraine. Die filigrane Fachwerkbrücke ist nachträglich mit Fischbauchträgern verstärkt worden.

H. J. Bandelow, Berlin

Der Weite der Strecken entsprach die Schwierigkeit ihrer Bewachung. Hier patrouilliert deutscher Bahnschutz an einer Behelfsbrücke. Die Brücke kam als Angriffsobjekt für Partisanen bevorzugt in Betracht, und die hier verordnete Langsamfahrstelle (das »E« signalisiert ihr »Ende« hinter der Brücke) gefährdet auch die Züge in besonderem Maße. Das Wachgebäude rechts ist mit Baumstämmen massiv gesichert.

H. J. Bandelow, Berlin: »Bahnschutz im Osten«
Freigegeben durch OKW (Heer) und Presseabteilung der Reichsregierung am 13.8.43

Ein kurzer Zug, dessen Bespannung mit zwei 55ern nicht durch die Zuglast bedingt ist, bringt willkommene Abwechslung in die Langeweile der Bewachung. Die Uniformen der drei Bahnschutz-Polizisten hat man sich lindgrün vorzustellen. Die 55 4160 (im Reich zuletzt beim Bw Dillenburg, in der besetzten Sowjetunion nachgewiesen bei den Bw Pleskau und Roslawl) hat wie alle Reichsbahnlokomotiven im Zweiten Weltkrieg Verdunkelungsblenden vor den Signallaternen. Diese Maßnahme sollte vor den Bombenangriffen schützen, die jedoch fast ausschließlich von westalliierten Luftflotten ausgeführt wurden und aufgrund ihrer begrenzten Reichweite nicht die Besatzungsgebiete im Osten und zunächst auch nicht die östlichen Reichsteile trafen.

W. Steiner, Berlin: »Kosaken zur Streckenbewachung«

Die in der Südukraine und auf der Krim lebenden Kosaken hatten bereits zur Zarenzeit und im russischen Bürgerkrieg erheblichen Widerstand gegen die Herrscher in Moskau geleistet und standen dem Stalinismus besonders distanziert gegenüber. In der Zeit des sinkenden deutschen Kriegsglücks wurden sie ähnlich wie Belgier, Niederländer, Dänen und Bosnier für würdig erachtet, für die Verteidigung eines »Europa« unter dem Hakenkreuz ihr Blut zu vergießen. Das weitere Schicksal der in der Sowjetunion angeworbenen Mitstreiter der Wehrmacht sah düster aus: Soweit sie unmittelbar in sowjetische Hand gerieten oder nach dem Krieg von britischer oder amerikanischer Seite dorthin ausgeliefert wurden, wurden sie als Deserteure und Verräter fast durchwegs sofort erschossen. Soweit sie in den westlichen Besatzungszonen Deutschland Zuflucht fanden, konnten sie zwar als »Heimatlose Ausländer« ihr Leben retten, sahen aber ihre Heimat nie wieder und konnten oft erst nach einer von der UNO unterstützten Auswanderung an einem anderen Ende der Welt in Kanada oder Australien wieder eine Existenz aufbauen.

L. Schuster, München: »Eisenbahner im Osten«

Eine ebenso öde wie gefährliche Tätigkeit war die Bewachung von Bahnhofsobjekten im Hinterland. Ständig war mit Überfällen von Partisanen zu rechnen, die sich mit Vorliebe für ihre Anschläge empfindliche Punkte wie Brücken, Stellwerke, Wasserstellen und abgelegene Weichenposten aussuchten, die fernab von großen Bahnhöfen meist nur von wenigen Leuten bewacht werden konnten.

Hollnagel, Hamburg: »Russischer Weichenposten«

Winterkälte, Schnee und ein über baumlose Ebenen fegender eisiger Wind ließen die Unendlichkeit der Entfernungen und die Einsamkeit des Schienenstranges im besetzten Land besonders deutlich werden. Der russische Weichen- und Schrankenwärter ist freilich mit den Wetterverhältnissen seines Landes und den Schwierigkeiten des winterlichen Bahnbetriebes vertraut und besitzt auch geeignete Kleidung.

Bahndienst »im Osten«

W. Steiner, Berlin: »Besichtigung einer im Bau befindlichen Feldbahnstrecke«

Sache des Höheren Dienstes der Reichsbahn und der Offiziere von Heer und Luftwaffe war die Inspektion dieser 900 mm- oder 1000 mm-Strecke. Welche der zwischen Baltikum und Kaukasus gebauten Bahnen hier gerade fertig wurde, ist genauso wenig bekannt wie die Herkunft der kleinen Lokomotive Nr. »3«. Das gegossene Schild am Führerhaus mit der Nummer und den Initialen deutet darauf hin, daß die Lok von einer Privat- oder Industriebahn und nicht aus dem Beschaffungsprogramm für die Heeresfeldbahnen stammte.

Der Uferlosigkeit der Bau- und Betriebsaufgaben an und auf den Strecken der besetzten Sowjetunion entsprach die immer größer werdende Zahl der dorthin entsandten oder dort in den Dienst genommenen Eisenbahner (und Eisenbahnerinnen!) bzw. dem Eisenbahnwesen dienenden Soldaten. Der Vielfalt und Schwierigkeit der Arbeit entsprach die Härte des Dienstes zu allen Jahres- und Tageszeiten und in allen Stadien der Kriegführung.

Die Vorhut deutschen Personals bildeten die Pionierregimenter der Wehrmacht, denen schon im Juli 1941 nicht weniger als 50 Gleis- und Weichenbauzüge der Reichsbahn beigegeben wurden. Es folgten die drei Feldeisenbahndirektionen (FBD) mit einer Stärke von zunächst jeweils 10 000 Mann. Wegen ihrer Wehrmachtsuniformen blieben die FBD-Soldaten als »graue Eisenbahner« in Erinnerung.

Schon bis Oktober 1941 waren sodann 70 000 Reichsbahner, sogenannte »blaue Eisenbahner«, nach Osten abgeordnet. Anfang Januar 1942 ordnete Hitler die Übernahme des Eisenbahnbetriebes »im Osten« durch das Reichsverkehrsministerium und damit durch die Reichsbahn an. Ausgenommen hiervon waren die Bereiche der Feldeisenbahndirektionen, deren Tätigkeit nun aber auf das unmittelbare Hinterland der Front beschränkt wurde. Der entsprechende Erlaß trat am 15. Januar 1942 in Kraft. Mit diesem Tage endete regelmäßig die Abordnung von Reichsbahnbeamten zur Wehrmacht. Fortan lag der Bahnbetrieb im entfernteren Hinterland der Front in den Händen der regulären Bahnbediensteten, der bereits erwähnten »blauen Eisenbahner«. Ihre Zahl erhöhte sich bis Ende 1942 auf 112 000. Die FBD'en, seit März 1942 in Feldeisenbahnkommandos (Fekdo) umbenannt, blieben für den frontnahen Betrieb zuständig.

Die im besetzten Gebiet verbliebenen sowjetischen Eisenbahnerinnen und Eisenbahner nahmen zum größten Teil ohne besonderen Zwang durch die Besat-

M. Ittenbach, Berlin: »Zugübergabe vom blauen zum feldgrauen Eisenbahner«, *gestrichen:* ***»Übergabe eines Munitionszuges von den blauen an die feldgrauen Eisenbahner« Freigegeben durch OKW (Heer) und Presseabteilung der Reichsregierung am 25.8.1942***
Veröffentlicht DR-Kalender 1943 Blatt 29

An der entsprechend dem Frontverlauf ständig verschobenen Trennlinie zwischen Reichsbahn- und Wehrmachtsbetrieb oder zwischen Hauptverkehrsdirektion und Feldeisenbahnkommando entstand das Foto des Zuges, dessen gefährliche Fracht gemäß Signalbuch durch die »Pulverflagge« kenntlich gemacht war. Der Wagen im Vordergrund war von der Jugoslawischen Staatsbahn in den Reichsbahnbestand übernommen worden, der nächste gehörte der Belgischen Staatsbahn.

M. Ittenbach, Berlin:
»Einheimischer Arbeiter beim Weiche Umlegen (Kowel)«

Nach kleiner Bahn und hohen Herren hier nun großer Bahnhof und kleiner Eisenbahner: Der Weichensteller in Kowel, einem der wichtigsten Bahnknotenpunkte Westrußlands (bis 1918), Ostpolens (bis 1939) und des Westrandes des deutschen Besatzungsgebietes seit 1941, stand am untersten Ende der Hierarchie des kriegerischen Bahndienstes.

zungsmacht die Arbeit wieder auf. Dies war dadurch erklärbar, daß sich der politisch aktive und zum Widerstand gegen die Invasion entschlossene Teil des Personals dem Rückzug der Roten Armee angeschlossen hatte oder sofort nach dem deutschen Einmarsch zu den Partisanen überging. Unter den im Dienst verbliebenen Eisenbahnern wie überhaupt in der Zivilbevölkerung hielten nicht wenige zunächst die deutsche Okkupation für das im Vergleich zur stalinistischen Diktatur geringere Übel. Der Dienst für die Reichsbahn garantierte im übrigen die Sicherung des Existenzminimums und schützte, was im Laufe der Jahre 1942 und 1943 immer wichtiger wurde, vor der Deportation zur Zwangsarbeit ins Reich. Ende 1942 wurden 634 000 Einheimische im Dienst der »DR-Ost« gezählt. Die Zahl der deutschen und einheimischen Eisenbahner im besetzten »Osten« überstieg nun den Personalbestand der gesamten Reichsbahn des Vorkriegsjahres 1937!

Die brutale Besatzungspraxis drängte sehr bald die freundlich oder wenigstens neutral gesonnenen Einheimischen in den Widerstand. Als dann die deutsche Niederlage absehbar wurde, mußten die Deutschen feststellen, daß immer mehr Bedienstete insgeheim mit den Partisanen zusammenarbeiteten. Der Nachweis einer solchen Zusammenarbeit war für die Zeit nach der Rückkehr der Sowjetmacht lebenswichtig: Für echte Kollaborateure der »Faschisten« waren das Todesurteil oder die langjährige Lagerhaft unausweichlich.

Jedes unserer Fotos vom Bahndienst in den Weiten des »Ostens« wirft die stumme Frage auf, welches Schicksal die abgebildeten Männer und Frauen in den Monaten und Jahren nach der Aufnahme genommen haben mögen…

W. Steiner, Berlin: »Rangierbewegungen mit Menschenkraft auf einem Bahnhof im Osten«

Der moderne Vierachser des französisch-luxemburgischen Erzkonzerns ARBEL wird fern der Heimat mangels Rangierlok mit Muskelkraft bewegt. Er besitzt keine Druckluftbremse, sondern nur eine durchgehende Luftleitung. Der helle Streifen unter der Wagenbeschriftung kennzeichnet die zwangsweise »Ausleihe« an die Reichsbahn. Warum sich neugierige Blicke unter den Wagen richten, werden wir nicht mehr erfahren.

M. Ittenbach, Berlin

Die 33 208 des Bw Lublin der »Ostbahn«, eine 2'D-Lok, die von Chrzanow 1926 für die PKP gebaut worden war und dort Os 24-32 geheißen hatte, fährt irgendwo im Generalgouvernement oder dem östlich davon eroberten altpolnischen Gebiet in einen ländlichen Bahnhof ein. Vor die (untauglichen?) Spitzenlaternen sind Zugschlußlaternen gehängt, wobei die linke zur Signalisierung einer Falschfahrt»rot« zu zeigen scheint. Der Aufsichtsbeamte hat momentan keine anderen Sorgen als die Frage, ob er mit seinem Bäuchlein auch profilfrei steht.
Die Bahnsteigkanten bestehen aus alten Schienen. Rechts ist eine für schwere Militärfahrzeuge geeignete Behelfsladerampe entstanden, vermutlich im Rahmen des »Otto-Programmes«, das im Oktober 1940 angeordnet wurde und bis 10. Mai 1941 eine wesentliche Ertüchtigung der polnischen Bahnstrecken zur deutsch-sowjetischen Demarkationslinie vorsah.

H. J. Bandelow, Berlin: »Umgespurter russ. Wagen«

Nein! Der Wagen war litauischer Herkunft und dürfte die kurze Zeit der ersten Sowjetherrschaft über Litauen auf der dort gültigen Normalspur überdauert haben. Das noch vorhandene Eigentumskennzeichen L. G. steht für »Lietuvos Gelezinkeliai«, zu deutsch »Litauische Staatsbahn«, und ist durch das Wappen der Sowjetischen Staatsbahn und den kyrillischen Zusatz LIT ergänzt worden. Nun benutzt ihn aber erst einmal die »DR-Ost«, die aus dem Reich den deutschen Zwanziger-Jahre-Stahlwagen im Hintergrund bekommen hat.

Below, Stettin

Eine kleine Plauderei im Bw Molodetschno an der Magistrale Wilna–Minsk–Gomel. »Kunst am (Ost)bau« hat für eine nette 57^{10} über dem Wegweiser zur Lokleitung gesorgt. Auf dem Tender ist das Kurzzeichen »Mo« angebracht. Die schon im Ersten Weltkrieg üblichen Bw-Kürzel basierten häufig auf dem ersten und dem letzten Buchstaben des Ortsnamens.

Hollnagel, Hamburg

Den Alltag im Inneren einer Lokleitung zeigt dieses Bild. Das Personal war ausschließlich russisch, und auch die Tafel über »Anwesenheit und Verwendung« der Lokpersonale trägt nur russische Beschriftungen. Die aufgrund des riesigen Arbeitskräftebedarfs gar nicht vermeidbare weitgehende einheimische »Selbstverwaltung« eines so wichtigen Bereiches wie des Eisenbahnwesens blieb für die Besatzungsmacht unter den Aspekten von Partisanenkrieg und Sabotage natürlich nicht ohne Risiko. Das Bw Bataisk (HBD Rostow) beispielsweise beschäftigte am 28. November 1942 für den Betrieb mit 88 Zug- und neun Rangierloks 306 Deutsche (davon 134 Lokführer und zwölf Heizer) sowie 1034 Russen (davon 198 Lokführer und 130 Heizer). Das Bw Ilowaskoje (HBD Poltawa) beschäftigte am selben Tag für 58 Zug- und sechs Verschiebeloks 163 Deutsche (davon 90 Lokführer und vier Heizer) sowie 1020 Einheimische.

Hollnagel, Hamburg: »Auf einem Bahnhof im Osten«

Weiter östlich trifft 56 584 mit einem für ihre Verhältnisse schweren Personenzug in dem nicht näher identifizierbaren Bahnhof »Marsch...« ein. Die Dienstkleidung der einheimischen Aufsichtskraft ist nicht von übertriebener Strenge geprägt. Der Befehlsstab als Haltesignal zeigt, daß das Foto gestellt ist. Das »Ki« an der Rauchkammertür könnte für Kiwerce in der Ukraine stehen.

Hollnagel, Hamburg: »Ukrainische Zeichnerin im Brückenbüro einer EBD«

Schon das vorige Foto hat uns eine Frau im Bahndienst vorgestellt. Entsprechend der sowjetischen Politik der weitestmöglichen Gleichstellung der Frauen mit den Männern in Bildung und Beruf war dort die weibliche Präsenz in technischen Bereichen weiter vorangekommen und selbstverständlicher geworden als in Deutschland – wo freilich die Personalnot des Zweiten (wie auch schon des Ersten!) Weltkrieges einen neuen Schub der Ausbeutung weiblicher Arbeitskraft und in der Folge dann auch bescheidene Fortschritte in Richtung beruflicher Emanzipation der Frauen bewirkte.

W. Steiner, Berlin: »Einheimische beim Bezetteln von Wagen«

Wie im Bw und im Brückendezernat der Direktion, so auch auf dem Güterbahnhof: Frauen waren in allen Bereichen des Eisenbahndienstes tätig.

M. Ittenbach, Berlin

Auch Frauen mußten schwere körperliche Arbeit leisten. Die in dieser Hinsicht schon sehr harte sowjetische Praxis der Gleichheit der Geschlechter wurde durch das Besatzungsregime noch verschärft, weil für die Behandlung der Frauen »im Osten« die grausame ideologische Vorgabe galt, daß auf künftige Mutterschaft und die Gesundheit des Nachwuchses keinerlei Rücksicht zu nehmen sei. Die kalte 57^{10} im Hintergrund verrät mit der Kurzbezeichnung des Bw Kasatin 1 den Aufnahmeort.

Below, Stettin: »Einheimische beseitigen Bombenschäden auf einem Bahnhof im »Osten«

Vor allem Frauen sind es, die mit typisch russischen Pferdegespannen nach einem offenbar nicht allzu folgenreichen sowjetischen Luftangriff die Gleisanlagen aufräumen müssen.

M. Ittenbach, Berlin: »Einheimische Arbeiterinnen im »Osten«

Mädchen und Frauen mit Kopftüchern müssen bei offensichtlich wärmerem Wetter in einem Ausbesserungswerk Stahlprofile schleppen. Hinten stehen polnische Ty 23 und warten noch 1942 auf die Umspurung, was auf ein Werk in dem bis 1939 polnischen Westgebiet der Sowjetunion schließen läßt.

Below, Stettin

Frauen schmieren Puffer für den Sieg. Die Schuhe sind kaum mehr brauchbar. Die Wagen scheinen Stroh geladen zu haben.

H. J. Bandelow, Berlin: »Einheimische Arbeiter auf einem Bahnhof im Osten«
Freigegeben durch OKW (Heer) und Presseabteilung der Reichsregierung am 16.3.43

Der amtliche Textverfasser hat übersehen, daß es auch hier wieder Frauen sind, die körperliche Schwerarbeit leisten. Sie transportieren Lokomotivasche über schlammig-eisiges Bahnhofsgelände. Nur selten ist auf unseren Fotos einmal ein größeres Gerät für die allgegenwärtigen Bau- und Reparaturarbeiten zu sehen. Selbst der kleine zweiachsige Kranwagen mußte bereits als sehr begehrtes Hilfsmittel gelten!

W. Steiner, Berlin: »Einheimisches Lokpersonal«

Wie oft haben Eisenbahnfotografen Lokpersonale in den Ruheminuten vor der Abfahrt aufgenommen, aber wie selten waren es der Lokführer und *die Heizerin*, die nach dem Abschmieren des Triebwerks und nach dem Aufbau gehörigen Kesseldruckes auf das Signal »Ausfahrt frei« oder auf den Abfahrauftrag warteten! Der gutmütig blickende Meister und die junge Frau mit den feinen Gesichtszügen auf der vom Feind ins Land gebrachten alten Güterzuglok: Eines der menschlich anrührendsten Fotos unserer Sammlung. Was mag aus den beiden geworden sein?
Wie gleichgültig ist plötzlich die nicht ganz sichtbare Nummer der 57er und die Kenntnis, ob sie nun 1945 in Rußland oder 1965 im Ruhrgebiet verschrottet worden ist. Wir wissen nur: Sie hat einen hölzernen Splitterschutz an der Führerhauswand und eine Tendervorderwand bekommen und ihre Rotgußschilder noch nicht der Buntmetallsammlung opfern müssen.

M. Ittenbach, Berlin

Spätestens der von Goebbels nach der Niederlage von Stalingrad proklamierte »totale Krieg« machte auch in Bezug auf die deutsche Frau das Wunsch- und Trugbild ihrer Schonung vor Industriearbeit und Schichtdienst gegenstandslos. Nun hatten die Mädchen und die Mütter in die Behörden, in die Verkehrsbetriebe, in die Postämter, in die zivilen und militärischen Fernmeldedienststellen und oftmals auch in die Rüstungsbetriebe einzurücken. Den Krieg zu gewinnen war vorerst wichtiger als dem Führer blonde Söhne zu schenken. Die Kriegswirtschaft war freilich mit dem weiblichen Aufgebot wenig zufrieden. Die meisten Frauen hatten damals noch keine Berufsausbildung und waren aufgrund ihrer familiären Pflichten zu wenig flexibel. Daher bevorzugte man den Einsatz von ausländischen Zwangsarbeiterinnen und -arbeitern, die weder Lohn noch irgendwelche Rücksichten verlangen konnten.
Das Bild zeigt Anwerbereklame der Reichsbahn auf einem Bahnhof der RBD Berlin an der »Heimatfront«, die mehr und mehr im Banne der Katastrophen an der Ostfront stand.
In der Phase der letzten Aufbietung aller Kräfte wurde der Einsatz auch deutscher Frauen im Lokheizerdienst diskutiert. In einer Dezernentenbesprechung am 20. und 21. Oktober 1944 trug Ober-Regierungs-Baurat Monschau (Ref 34) vor: *»Deutsche männliche Kräfte für die Heizerseite können kaum noch gestellt werden, sondern nur Ausländer. Der Mangel an Heizern ist durch Einmannbesetzung der Rangierlok und durch weibliche Heizer auszugleichen. Der Einsatz deutscher Frauen für diese Zwecke kann vorläufig noch nicht gestattet werden, weil noch genügend Ausländerinnen zur Verfügung stehen.«* Der menschenverachtende Geist des »Verschleißes« der Kräfte nach Rangfolge ihres »Wertes« hatte sich in der Verwaltung durchgesetzt …

Hollnagel, Hamburg: »Reichsbahngehilfin als Schreibkraft in einem Büro der DRB im Osten«

So konnte der Dienst der deutschen Frau dann aussehen! Im Vorzimmer von Reichsbahnrat Heinze unter einer Streckenkarte der Donezregion nördlich des Asowschen Meeres ließ es sich vermutlich ruhiger arbeiten als in dem von Bombenangriffen mehr und mehr bedrohten Reichsgebiet. Im Sommer 1943 ging dieses Gebiet jedoch verloren.

H. J. Bandelow, Berlin: »Rangierer im Osten« Freigegeben durch OKW (Heer) und Presseabteilung der Reichsregierung am 15.4.43

Das deutsche Signalbuch kannte zwar keine Hornsignale, aber Not macht erfinderisch, und auch die Beibehaltung bisheriger Vorschriften könnte das zweitönige Horn eines Rangierers erklärbar machen. Möglicherweise handelte es sich aber auch um einen Sicherungsposten an einer Baustelle.

Winter

Donath, Berlin: »Vereisung am Triebwerk einer Lokomotive«
Abzug und uneingeschränktes Veröffentlichungsrecht für das Bildarchiv des Pressedienstes des Reichsverkehrsministeriums erworben, Berlin, den 27.7.1942

Vermutlich eine polnische Ty 23 (als 58^{23} der Reichsbahn oder der Ostbahn) ist hier vom Eis schwer beeinträchtigt. Österreichischer Bautradition entsprach die doppelte Leiter zum Führerhaus an Lok und Tender. Die letzte Bremsuntersuchung war in Lapy (Bezirk Bialystok) am 12.11.41 ausgeführt worden.

bremse [G-P] m Z
Letzte Br. Unt

Am 16. Juni 1941 vertraute Propagandaminister Goebbels seinem Tagebuch hinsichtlich der voraussichtlichen Dauer des bevorstehenden Abenteuers an: »Der Führer schätzt die Aktion auf etwa vier Monate, ich schätze auf weniger«. Einem zweifelnden General fuhr Hitler denn auch im Hochsommer 1941 mit den Worten über den Mund: »Ich will diese Rederei über die schwierige Versorgung unserer Truppe im Winter nicht mehr hören ... es wird keinen Winterfeldzug geben!«[1]

Es gab einen Winterfeldzug. Schon im Oktober 1941, als die Wehrmacht noch nicht die Zwischenziele Leningrad, Moskau, Kursk, Charkow und Rostow erreicht hatte, sank die Temperatur im nördlichen Operationsgebiet der Heeresgruppe Mitte und im Gebiet der Heeresgruppe Nord in einzelnen Nächten auf minus 20 Grad ab. Anfang Dezember wurden 32, in der zweiten Dezemberhälfte 35 und im Januar 1942 bis zu 42 Kältegrade erreicht. Im Februar sank das Quecksilber bis auf -30° C, im März erneut bis auf -42° C. Im gesamten Monat Januar 1942 lag die Durchschnitts(!)temperatur in Moskau bei -20,2°, in Kiew bei -15° und in Odessa an der »warmen« Schwarzmeerküste bei -9,8°. Der Schnee bereitete Probleme besonders durch die bei scharfem Wind entstehenden Schneeverwehungen, die Straßen und Bahnstrecken meterhoch blockieren konnten. Entgegen einer hartnäckigen Legende war der Winter 1941/42 jedoch kein meteorologischer Sonderfall.

Schon der Herbstregen und der sich dadurch bildende Schlamm auf den unbefestigten und überbeanspruchten Straßen hatten die Beweglichkeit der Truppen und den Nachschub per LKW und per Pferdegespann extrem behindert. Die Kälte ließ den Straßenverkehr gänzlich zusammenbrechen. Von 500 000 »im Osten« eingesetzten Kraftfahrzeugen war schon im November 1941 nur noch die Hälfte betriebsfähig. Seit Beginn der Schlammperiode war die Eisenbahn das einzige verläßliche Verkehrsmittel im besetzten Gebiet. Mit dem Kälteeinbruch kam jedoch auch der Schienenverkehr sehr schnell an die Grenzen seiner

M. Ittenbach, Berlin

Stellwerke waren in Osteuropa noch in den vierziger Jahren selten. Weichenwärter mußten in zugigen Buden ausharren oder wieder und wieder über die verschneiten, eisglatten oder schlammigen Bahnhofsgelände stapfen und die Weichen bedienen.

[1] Nach I. Krumpelt, Das Material und die Kriegführung, Frankfurt(M) 1968

Hollnagel, Hamburg:
»Bahnhof im Osten«

Mit Gewehr und Winterkleidung verrichtet der Eisenbahner Dienst an der Wärterbude.

Möglichkeiten. Die Reichsbahnlokomotiven waren für die Temperaturen des »Ostens« nicht geschaffen. Das Wasser in den Tendern, die Leitungen von den Tendern zu den Loks, die Injektoren, die Speisepumpen und Vorwärmer, die Luftpumpen und sämtliche Wasser-, Luft- und Ölleitungen froren bei Temperaturen unterhalb von -20 Grad ein, Leitungen und Armaturen platzten und wurden unbrauchbar, die Lager liefen mangels Ölzufuhr heiß. Die Arbeitsbedingungen auf den ungeschützten Führerständen wurden bei arktischer Kälte und Schneesturm unerträglich. Eine Infrastruktur intakter Betriebswerke mit Einrichtungen zur Regeneration von Mensch und Maschine fehlte, von Ausbesserungswerken ganz zu schweigen. Auftauständе für Loks mußten erst gebaut werden. Man behalf sich mit Feuern in den Ausschlackgruben unter den Maschinen. So wuchsen die Ausfälle in den Lokomotivbeständen der Direktionen und Betriebswerke auf 50 bis 80 %. Das Bw Minsk P hatte Mühe, aus einem Bestand von 100 Maschinen täglich 10 zum Einsatz zu bringen. Der Lokomotivbedarf im »Osten« wurde uferlos und belastete den Betrieb im ganzen deutschen Machtbereich.

Maschinen ließen sich reparieren, Menschen mußten erfrieren. Soldaten und Eisenbahner mit Sommeruniform und dünnem Mantel waren in den von ihnen zerstörten Dörfern hinter der Front, unter schwerstem feindlichen Druck, ohne Nachschub und ohne warmes Essen und Trinken bei 25 oder 35 Grad Kälte einem schrecklichen Tod ausgeliefert. Neben der Verlusten durch die Kämpfe kostete die »Winterkrise« auf deutscher Seite allein 100 000 Tote durch Kälte.

Jedem geschichtlich halbwegs Bewanderten mußte sich nun ein historischer Vergleich aufdrängen: Schon Napoleon war nach einem Siegeszug durch fast ganz Europa im russischen Winter gescheitert.

Der Kriegswinter »im Osten«, von 1941 auf 1942 unvorbereitet erlebt und durchlitten und nach neuen Eroberungen von 1942 auf 1943 noch einmal über die deutschen Männer »hereingebrochen«, prägte zusammen mit dem Bombenkrieg gegen die deutschen Städte und mit der Flucht 1945 das Bild des Zweiten Weltkriegs in der Erinnerung des deutschen Volkes. Mehr noch: Zusammen mit Verdun, der Inflation von 1923, der großen Arbeitslosigkeit um 1930 und den Hun-

Donath, Berlin: »Strecke Orscha–Smolensk von der Strecke Smolensk–Witebsk gekreuzt mit Blockwärterhaus, das von deutschen und einheimischen Kräften besetzt ist, darunter einheimischen Frauen«

Winterliche Düsternis also endlich einmal nicht nur irgendwo im »Osten«, sondern anhand des Bildtextes genau bestimmbar in Katyn. An diesem Bahnhof überschneiden sich westlich von Smolensk die Hauptstrecken nach Dünaburg–Riga und nach Minsk–Warschau. Der Name dieses Ortes ging jedoch nicht deshalb in die Geschichte ein: 1943 entdeckten die Deutschen hier die verscharrten Leichen von 4143 polnischen Offizieren, die 1939 östlich der »Interessengrenze« in sowjetische Gefangenschaft geraten waren und 1940 vom Geheimdienst NKWD ermordet worden waren. »Katyn« ist noch heute die größte Belastung des Verhältnisses zwischen Polen und Rußland.

gerjahren nach 1945 gehört der »russische Winter« zu den kollektiven traumatischen Erfahrungen, die sich ins deutsche Bewußtsein tief eingegraben haben. Natürlich war nicht jeder Deutsche 1941/42 vor Moskau oder 1942/43 in Stalingrad dabeigewesen, doch trug ein breiter Strom des Erzählens die Erlebnisse von damals noch jahrzehntelang in die Wohnzimmer und in die Schulsäle. Solch schreckliche Erfahrungen aus dem Zweiten Weltkrieg führten nachhaltiger als alle staatsbürgerliche Erziehung zur Abkehr der Massenmentalität von Militarismus und Kriegsbegeisterung.

Zugleich befestigten die Erzählungen der Väter, Großväter und Lehrer aber auch ein groteskes Bild der Geschichte, das die Deutschen im zwanzigsten Jahrhundert vor allem als *Opfer* von »Schicksal«, Politik und Krieg darstellte. Kaum einer, der Nächte in den verschneiten Ruinen russischer Dörfer überlebt hatte, fragte nach dem Verbleib der Bewohner dieser Dörfer. Über die Kriegsgefangenschaft deutscher Soldaten in Rußland wurden Bestseller verkauft, die Lebensbedingungen sowjetischer Gefangener mitten in Deutschland blieben ein ungeliebtes Spezialgebiet historischer Forschung. Viele der Stammtischstrategen, Memoirenverfasser und Geschichtslehrer, die daraus, daß sie »dabei gewesen« waren, eine besondere Kompetenz zu kritischem Urteil ableiteten, geizten nicht mit scharfen Worten über Hitler und seine Generäle und charakterisierten den Nazikrieg durchaus als verwerflich und verbrecherisch – um sich im nächsten Atemzug mit eben diesem Krieg zu identifizieren, indem sie nämlich darüber spekulierten, wie er zu gewinnen gewesen wäre. »Ja, wenn man Rußland schon im April 1941 angegriffen hätte … wenn doch die Führung für Winterausrüstung gesorgt hätte … wenn man die 52er schon gehabt hätte …«

Unsere amtlichen Bilder zeigen den Winter nicht als Katastrophe, sondern auftragsgemäß als erfolgreich gemeisterte Herausforderung und fotografisch kunstgerecht als Festspiel kalter Ästhetik in Eis und Eisen. Bilder erfrorener Volksgenossen hatten in der Durchhaltepresse nichts verloren.

H. J. Bandelow, Berlin: »Wintermorgen im Osten«
Freigegeben durch OKW (Heer) und Presseabteilung der Reichsregierung am 16.3.43

Jedes Detail dieses Bildes eines eisigen und sonnigen Wintermorgens auf einem weiten Bahngelände läßt die Härte des Winterdienstes erahnen.

H. J. Bandelow, Berlin: »Heizeinrichtung an einem Wasserkran«
Freigegeben durch OKW (Heer) und Presseabteilung der Reichsregierung am 15.4.43

Gut isolierte Wasserkräne mit Öfchen waren in östlichen Breiten seit jeher üblich gewesen. Die glühenden Kohlen eigneten sich auch zum Aufwärmen der Hände. Abermals sehen wir eine Frau im Bw-Dienst. Der ungebremste O-Wagen links gehört zur deutschen Bauart »Essen«, trägt französische Beschriftung und dient nun der Reichsbahn im besetzten Gebiet.

H. J. Bandelow, Berlin: »Auf einem Bahnhof im Osten«

Mit einem Truppentransport ist die 57 1896 in Minsk angekommen. Hölzerne Koffer enthalten wichtige Hilfsmittel für die kommende schwierige Zeit in Weißrußland. 57 1896 war vom Bw Oebisfelde über Zwischenstationierungen in Wien FJB und Eger nach Minsk Pbf gekommen und fuhr nach dem Krieg noch bis 1962 bei der DB.

H. J. Bandelow, Berlin: »Rangierer im Osten«
Freigegeben durch OKW (Heer) und Presseabteilung der Reichsregierung am 15.4.43

Und schon ist der nächste Zug eingefahren. Der österreichische Personenwagen in Bildmitte trägt die Inschrift »HBD Mitte Nr.9«.

H. J. Bandelow, Berlin: »Auf einem Bahnhof im Osten«
Freigegeben durch OKW (Heer) und Presseabteilung der Reichsregierung am 8. bzw. 13.3.43

Einheimische Frauen sehen sich aus gebührendem Abstand einen aus vielerlei Wagen zusammengewürfelten deutschen Militärzug an. An diesem Zug – oder wenigstens auf demselben Bahnhof – kam auch 57 3163 ins Bild. Sie kam von der RBD Breslau und gehörte zum Bw Minsk P. Ausgemustert wurde sie 1963 von der DB. Die Holzverkleidung des Wasserturms dient der Isolation.

M. Ittenbach, Berlin

Eine 93 oder eine der im Ostgebiet kaum nachgewiesenen 94er rangiert in einem winterlichen Bahnhof. Am unteren Bildrand ist gerade noch ein umgespurter sowjetischer Wagen sichtbar.

H. J. Bandelow, Berlin: »Achsen für ein EAW im Osten« Freigegeben durch OKW (Heer) und Presseabteilung der Reichsregierung am 8.3.43

Am vordersten der hier verladenen Radsätze ist zu erkennen, daß das Rad auf der Achse zwecks Umspurung nach innen gedrückt ist. Der Wagen besitzt laut Aufschrift die »Matrosow«-Druckluftbremse.

H. J. Bandelow, Berlin: »Panjeschlitten an einem Bahnübergang im Osten« Freigegeben OKW (Heer), Versen, Major. Gesehen, Bln., den 16.Mrz. 1943, Presseabteilung der Reichsregierung im Reichsministerium für Volksaufklärung und Propaganda – Bildpresse

Anfangs spotteten die Eroberer noch über die Verkehrsmittel aus Zeiten vor Eisenbahn und Auto, später waren sie dann selbst auf Fuhrwerk und Schlitten angewiesen.

Donath, Berlin: »Eisblöcke, die vom Bahnhofsgelände mit Schlitten abgefahren werden, auf Bf. Orscha«

An Gemälde aus versunkenen Zeiten erinnert diese Studie mit Menschen und Tieren und verschiedenen Generationen von Transporttechnik. Die Telegrafenleitung über der Ty 23 und der G 8[1] ist dick mit Rauhreif behangen. Im Hintergrund sind abgestellte Loks zu erkennen.

H. J. Bandelow, Berlin: »Einheimischer Rangierer im Osten«

Eine dokumentarisch und künsterisch gelungene Aufnahme von Mensch, Maschine, Eis und Sonne in einem der größeren Bahnhöfe des besetzten Gebiets. Die Tenderrückwand verrät eine preußische Güterzuglok.

Schuster, München: »Vereisungen an der Lok«

Ein ergiebiges Motiv waren die winterlichen Rückfronten der preußischen Lokomotivtender. Hier handelte es sich um die Bauart »3T16,5«, mit der die Mehrzahl aller 55^{25}, 56^{2} und 57^{10} unterwegs waren. Die Lok hatte noch Gasbeleuchtung.

Donath, Berlin: »Vereisung am Wasserkasten eines Lokomotivtenders«
Abzug und uneingeschränktes Veröffentlichungsrecht für das Bildarchiv des Pressedienstes des Reichsverkehrsministeriums erworben, Berlin, den 27.7.1942

Hier ist eine 55 25…, also eine der ersten G 8^1 aus dem Jahre 1913, im eisigen Osteinsatz zu erkennen. Der Eisenbahner trägt im Winter 1941/42 bereits die viel zu spät gelieferten Filzstiefel und einen numerierten Mantel. Die Numerierung war auch für die an Eisenbahner ausgegebenen Filzstiefel und Taschenuhren vorgeschrieben.

Donath, Berlin: »Vereiste Lokomotive im Osten«
Freigegeben durch OKW (Heer) und Presseabteilung der Reichsregierung am 17.12.1942

Völlig vom Eis gepanzert ist das linke Rad des vierten Kuppelradsatzes eines nicht aus Deutschland stammenden Fünfkupplers (vermutlich einer Ty 23).

Donath Veröffentlicht DR-Kalender 1943, Blatt 9

Wer hätte gedacht, daß noch Originalfotos existieren, die einst dem auf dünnem und schlechtem Papier gedruckten und heute gleichwohl legendären und mit hohem Sammlerpreis gehandelten Reichsbahn-Kalender als Vorlage dienten?
Über und über mit Rauhreif überzogen ist der Tender der preußischen Lokomotive. Selbst die Kupplung ist nur noch schwer zu bewegen. Auf den Schienen scheint eine Weile nichts gefahren zu sein. Soll hier eine kalte Lok abgeschleppt werden?

Donath, Berlin: »Eisenbahnbetriebswerk im Osten** (gestrichen: **Smolensk Ost) mit Feldeisenbahnern beim Beseitigen der Eis- und Schneemassen.** (gestrichen: **Wegen der Nähe der russ. Front wagen die einheimischen Kräfte nicht, für die deutsche Verwaltung zu arbeiten.)«

Vorläufig zurückstellen OKW

Im Winter 1941/42 herrschte östlich von Smolensk noch Breitspurbetrieb. Ganz in Dampf eingehüllt steht eine O, daneben anscheinend kalt einer der sehr weit verbreiteten laufachslosen Fünfkuppler der Gattungen ЭМ oder ЭР (Ä M/R). Heeressoldaten kämpfen fürs erste gegen den Schnee statt gegen den Bolschewismus.

H. J. Bandelow, Berlin: »Vereiste Bahnanlagen in einem Bahnhof im Osten«
Freigegeben durch OKW (Heer) und Presseabteilung der Reichsregierung am 8.3.43

Relativ selten wurde die Baureihe 50 nach »Osten« abgeordnet. In ihrer Ursprungsausführung galt sie wie alle Einheitsloks als zu empfindlich und als zu kostbar für den russischen Kriegsbetrieb. Von Juni 1941 bis Herbst 1942 war die Zugförderung im besetzten Gebiet im wesentlichen den preußischen Länderbahnlokomotiven anvertraut. Für den Wintereinsatz geeignet war die 50 dann in der Ausführung als »Übergangs-Kriegslok« mit Frostschutz und ohne Vorwärmer, die also bereits weitgehend der Kriegslok der Reihe 52 entsprach. Das Bild zeigt die 50 2759 ÜK vom Bw Fastow I in Kiew. An ihrem Tender steht »Räder müssen rollen für den Sieg«. Die von Henschel im September 1942 abgelieferte Lok kam nach dem Krieg zur DB. Rechts dampft eine 91er. Schnee- und Eisschichten müssen wie Beton aufgehackt werden.

Donath, Berlin: »Vereistes und verschneites Führerhaus einer Reichsbahnlok«

Vom Bw Wustermark war die 57 3387 am 15. Oktober 1942 originalbeschildert und ohne Hoheitszeichen nach »Osten« abgegeben worden. Offizielles Marschziel war die »Lokauffangstelle Zdolbunow« kurz vor der alten polnischen Ostgrenze. Das Foto wurde in Minsk aufgenommen. Die nächste Meldung stammt vom Februar 1943: Damals, also nach einem nur sehr kurzen »Ost«-Abenteuer, war die Lok an die Bulgarische Staatsbahn verliehen. Nach dem Krieg dürfte sie bei den Griechischen Staatsbahnen verblieben sein.

Donath, Berlin: »Verschneite Loks im Osten«

Die Schäden durch Kälte zwangen zahlreiche dringend benötigte Lokomotiven für Wochen und Monate aufs Abstellgleis. Die 56^{20} in Bildmitte hat bereits eine vor dem Frost schützende Verkleidung der Luftpumpe erhalten, ist aber trotzdem schadhaft abgestellt. Daneben steht eine 57^{10} ohne Treibstangen, die dann folgende kräftig qualmende Lok entzieht sich der Identifikation. Die linke Lokreihe besteht aus einer 55^{25}, einer 56^{2} und zwei weiteren 57^{10}, von denen eine gerade Besuch auf dem Führerstand bekommt. Dahinter erahnbar: Ein Pferdeschlitten, vermummte Eisenbahner und ein verschneiter Güterbahnhof mit rauhreifüberzogenen Telegrafenleitungen.

H. J. Bandelow, Berlin: »In einem Bw im Osten«
Freigegeben durch OKW (Heer) und Presseabteilung der Reichsregierung am 9.4.43

Trotz unwirtlicher Bedingungen sind 38 1339 und eine weitere P 8 immerhin betriebsfähig. Hierfür sorgen die Frostschutzkästen um Pumpen und Ventile. Die 38 1339 war bis Juni 1942 beim Bw Stargard beheimatet gewesen und verblieb bei Kriegsende in der Sowjetunion. Das Kurzzeichen »NS.« dürfte für das zeitweise mit 35 Loks der Reihe 38 ausgestattete Bw Njeshin in der RVD Kiew an der Strecke Kiew–Moskau stehen.

H. J. Bandelow, Berlin: »In einem Bw im Osten«
Freigegeben durch OKW (Heer) und Presseabteilung der Reichsregierung am 8.3.43

Rechts wird an einer anderen P 8 mit Heizkupplungen und Ölkanne hantiert, links steht die 38 1826. Sie war nach dem Krieg als 377.0504 im Bestand der ČSD.

H. J. Bandelow, Berlin: »Bekohlungsanlage im Osten«
Freigegeben durch OKW (Heer) und Presseabteilung der Reichsregierung am 4.3.43

Vermutlich immer noch beim selben Fototermin im selben Bw hat der ambitionierte Eisenbahnfotograf Bandelow diese wunderbare Gegenlichtaufnahme vom Kohlenkran vor dem in den kalten Winterhimmel aufsteigenden Lokomotivdampf gefertigt. Im Vordergrund werden die Eisplatten zwischen den Schienen mit der Spitzhacke entfernt.

H. J. Bandelow, Berlin:
»Ausfahrender Zug«

Nähere Anhaltspunkte für eine Lokalisierung und Datierung des Bildes mit dem preußisch bespannten Güterzug fehlen. Besonders gelungen ist die plastische Zeichnung der von der tiefstehenden Wintersonne ausgeleuchteten Dampfwolke.

H. J. Bandelow, Berlin: »Schneeschmelze«
Freigegeben, Bln., den 15.Apr.1943 Presseabteilung der Reichsregierung im Reichsministerium für Volksaufklärung und Propaganda – Bildpresse – i.A. gez. Kurzbein, frei OKW (Heer), Klüter Hptm.

Auch das Tauwetter bescherte keine besseren Arbeitsbedingungen. Die einsame Drehscheibe war nun ringsum von Wasser umgeben, denn der noch vereiste Boden ließ das Tauwasser zunächst nicht ablaufen; war dann der Boden endlich frostfrei, verwandelte sich alles in grundlosen Morast – eine Problematik, die die Wehrmacht und die übrigen deutschen Kräfte ebenfalls nicht hinreichend bedacht hatten.

Lokomotiv-betrieb

Zwei preußische P 8 in der Ukraine

Von der 38 2594 wissen wir, daß sie vom Bw Halle P nach »Osten« abgegeben wurde. Der Rückzug verschlug sie in die Tschechoslowakei, so daß sie nach dem Krieg bei der ČSD Dienst tat. Unser Bild zeigt sie mit einer Schwesterlok im Bw Kiew Hbf, das Ende 1942 nicht weniger als 62 preußische P 8 besaß.

Schon mehrere Kapitel haben die Bedingungen des Lokomotiveinsatzes in der besetzten Sowjetunion illustriert, einem technisch und organisatorisch besonders interessanten Thema.

Die Deutsche Reichsbahn hatte in den zwanziger und dreißiger Jahren zu viele Lokomotiven besessen. Erhebliche Verbesserungen bei Lokeinsatz und Lokunterhaltung ermöglichten es, dieselben Leistungen mit deutlich weniger Maschinen zu erbringen, und die Weltwirtschaftskrise ließ die Verkehrsleistungen zurückgehen. So standen viele Länderbahnloks auch moderner Bauarten auf den Abstellgleisen, wurden ausgemustert oder ins Ausland verkauft. Für eine großzügige Beschaffung der vielbeachteten Einheitsloks fehlte also außer dem Geld auch der Bedarf.

Ab Mitte der dreißiger Jahre lasteten Wirtschaftsaufschwung und Aufrüstung die Reichsbahn und ihre Lokomotiven wieder voll aus. Die finanz- und wirtschaftspolitischen Prioritäten am Vorabend des Krieges und in den ersten Kriegsjahren ermöglichten der Deutschen Reichsbahn aber nicht die notwendigen Investitionen. So waren es immer noch die Länderbahnlokomotiven und ihre Nachbauten aus den frühen zwanziger Jahren, die den deutschen Truppen zwischen 1938 und 1941 nach Österreich, Polen, Jugoslawien und Griechenland nachgeführt wurden. (In der Tschechoslowakei und in den im Norden und Westen eroberten Ländern genügten zunächst die dort vorgefundenen Loks.)

Die Beschaffung der universell einsetzbaren Baureihe 50 und der Weiterbau der ebenfalls breit verwendbaren 86 sowie die Großserienfertigung der starken 44 waren gerade erst angelaufen, als ab Juni 1941 »der Osten« einen nie geahnten Lokomotivhunger entwickelte, für den wir mit der sowjetischen Rückführung der Breitspurloks, der für mitteleuropäische Verhältnisse ungewohnten Länge der Strecken und der Winterkatastrophe schon wichtige Gründe kennengelernt haben.

Zunächst mußte die Zugförderung in den riesigen besetzten Gebieten fast ausschließlich den preußischen Länderbahnlokomotiven anvertraut werden. Schnellzugloks kamen für die Streckengeschwindigkeiten im Osten nicht in Betracht. Loks mit Innenzylindern sowie Einheitsloks galten als zu kompliziert, so daß die 44 und die G 12 im Osteinsatz ohne Bedeutung blieben. Tenderloks waren aufgrund der Streckenlängen nur für den Rangierdienst zu gebrauchen. Achsfahrmassen von mehr als 16 t schränkten die Verwendbarkeit ein. So mußten denn die zwischen fast zwanzig und mehr als vierzig Jahre alten 38^{10} (P 8), 55^{0} (G 7^{1}), 55^{7} (G 7^{2}), 55^{16} (G 8), 55^{25} (G 8^{1}), 56^{2} (G 8^{1} mit Laufachse), 56^{20} (G 8^{2}) und 57^{10} (G 10) und als Verschiebeloks die 91^{3} (T 9^{3}), 92^{5} (T 13), 93^{0} (T 14) und 93^{5} (T 14^{1}) »nach Osten abrollen«, wie es in den Akten hieß. Ironischerweise waren mit G 7^{1} und G 7^{2} sowie mit der T 9^{3} Lokomotiven dabei, mit denen man schon einen Weltkrieg geführt – und verloren – hatte. In den Lokomotivstrom nach Osten wurden eingereiht die polnischen Ty 23 (58^{23}), die mit ihren 17 t Achsfahrmasse gerade noch osttauglich waren und als sehr kräftige Güterzugloks beliebt waren. Natürlich kamen in kleinerer Stückzahl auch noch die verschiedensten anderen Lokomotivgattungen zum Rußlandeinsatz.

Die Heimatdirektionen mußten die Loks zu den »Lokauffangstellen« Eydtkau, Snamenka oder Zdolbunow in Marsch setzen, von wo aus sie an die Bestimmungsorte geschickt wurden – und wo sie meist viel zu bald schadhaft wieder eintrafen. Allein für die Gebiete der Reichsverkehrsdirektionen, also ohne die Operationsgebiete der FEKdo's, ohne die zur RBD Königsberg und zur Ostbahn geschlagenen Gebiete und ohne die rumänisch beanspruchten Gebiete kamen für die Verwendung deutscher Normalspurloks in der Sowjetunion mindestens 149 Betriebswerke in Betracht. Außenstellen sowie reine Breit- oder Schmalspur-Bw's sind nicht mitgerechnet. Zählt man diese dazu, kommt man auf etwa 200 Betriebswerke, so viele, wie die ganze Deutsche Bundesbahn in den sechziger Jahren besaß!

Unzureichend waren die in der Sowjetunion vorgefundenen bzw. unzerstört gebliebenen Ausbesserungswerke. Nur in den baltischen Ländern genügte die Werkstättenkapazität. Ansonsten stand in Kiew das einzige leistungsfähige Lokwerk. Die Ausbesserungswerke insbesondere der Ostbahn, aber auch der Reichsbahn, mußten in größtem Umfang Hilfe leisten. Die drastischste Maßnahme war die Verlegung des gesamten RAW Kaiserslautern mit Ausrüstung und Personal nach Konotop in der Südukraine.

Nach dem Debakel des Winters 1941/42 und der zwangsweisen Anmietung belgischer und französischer Lokomotiven unterschiedlichster Bauart zur Aufrechterhaltung des Betriebes im Reich wurde Lokomotivbau plötzlich »Führersache« mit höchster Priorität. Den Bau der 44, 50 und 86 ließ man nun mit vereinfachten »Übergangs-Kriegsloks« auslaufen, um zur Fertigung einer »Kriegslokomotive« in nie dagewesenen Stückzahlen zu schreiten. Doch standen von der propagadistisch gefeierten 52 bei Einbruch des nächsten Kriegswinters im Osten Anfang Dezember 1942 gerade einmal 100 Exemplare zur Verfügung. Als Ende Januar 1943 etwa 300 Loks fertig waren, fiel Stalingrad. Ende März 1943 waren 750 Loks der Reihe 52 in Betrieb, doch da waren im Südabschnitt der Ostfront bereits Kursk und Rostow verloren. Nun beschleunigte sich die Kriegslokfertigung auf 300 und alsbald 400 Loks im Monat, doch als im August 1943 die Zahl von 2000 Kriegsloks erreicht war, war die Räumung der gesamten Ukraine in vollem Gange und der Rückzug auf die Dnjepr-Linie abgeschlossen. Der Lokbedarf im Osten nahm wegen des besonders durch Partisanenanschläge ständig steigenden Schadbestandes trotzdem noch ständig zu. Genau zu der Zeit aber, als das Kriegslokprogramm ab Herbst 1943 mit 500 Lokneubauten pro Monat endlich richtig florierte, war es

Fritz Korte, Berlin: »Lokschuppen im Osten«

Im Bw Neu Wilna (»N WA« bzw. »N Wa«) in Litauen stehen 55 2780, eine weitere 55^{25} und eine 55^{16}. 55 2780 wurde aus der RBD Essen ins östliche Eroberungsgebiet abberufen, stand bei Kriegsende in der sowjetischen Zone Deutschlands und wurde im Oktober 1945 in die Sowjetunion abgefahren.
Die Frostschutzeinrichtungen dürften bei kaum zwei Loks ganz gleich ausgeführt worden sein, was bei den Länderbahnloks allein schon durch die Unterschiedlichkeit der Leitungen und Armaturen auch innerhalb der selben Gattung bedingt war. Die Kohle in den Wagen besteht aus reichlich großen Brocken.

auch schon wieder sinnlos geworden: Die Spitze des Lokbedarfs im Osten war überschritten, für den nun schnell kleiner werdenden deutschen Machtbereich hätte der Lokpark von 1940 alsbald wieder ausgereicht. Der Bau einer zweiten Kriegslok, der Reihe 42, ging am realen Bedarf von Front und Heimat gänzlich vorbei.

Die Kriegsloks wurden nicht etwa direkt ab Werk in die besetzten Gebiete geschickt, sondern zur Füllung der entstandenen Lücken den Direktionen im Reich zugewiesen. Nur ein Teil von ihnen wurde später »nach Osten« abgeordnet.

Die Statistik der im »Osten« gebundenen Loks las sich 1942/43 am dramatischsten – und erledigte sich Ende 1944. Am 7. Oktober 1941 waren von 22 915 Reichsbahnlokomotiven 2075 in der Sowjetunion. Am 23. Juni 1942 waren es bereits 5307, von denen nur 3764 betriebsfähig waren. Hinzu kamen an diesem Stichtag 321 normalspurige Beuteloks, davon 166 betriebsfähig, und 869 Breitspurloks, davon 247 betriebsfähig.

Die weitere Entwicklung des nach Osten abgeordneten Reichsbahnbestandes ergibt sich aus der Tabelle.

Ab Frühjahr 1943 war in den Gesamtzahlen der nach Osten abgerollten Maschinen – von je hundert Reichsbahnloks waren nun vierzig hier gebunden! – eine immer größere Gruppe von Loks enthalten, die inzwischen den Besitzer gewechselt hatten: Die vielerorts überstürzten Rückzüge hatten so manche statistisch noch erfaßte Lok längst zu sowjetischer Beute werden lassen. Seit einigen Jahren lassen sich solche Vorgänge in Moskauer Archiven im einzelnen nachvollziehen.

Datum	**HBD/RVD'en**		**FEKdo's**		**zusammen**	
	Bestand	betr.fähig	Bestand	betr.fähig	Bestand	betr.fähig
31. 07. 1942	5 063	3 223	1 033	863	6 096	4 086
30. 09. 1942	6 004	3 645	1 441	1 176	6 445	4 821
31. 12. 1942	6 051	4 047	2 062	1 464	8 113	5 511
31. 03. 1943	6 909	4 399	1 518	704	8 427	5 103
30. 06. 1943	6 757	4 472	1 707	1 075	8 464	5 547
30. 09. 1943	7 762	4 381	1 091	443	8 853	4 824
31. 12. 1943	7 250	2 905	1 112	543	8 362	3 448
31. 03. 1944	5 784	2 308	763	191	6 547	2 499
30. 06. 1944	4 133	1 664	550	93	4 683	1 757

W. Steiner, Berlin: »Bw im Osten«

Auf dem Gleis links stehen eine 91^3 und (dahinter schwach erkennbar) eine 93^5, in der Mitte die 55 2679 und rechts zwei weitere 55er. Leider ist das kleine Bw nicht lokalisierbar. Die 55 2679 kam am 14. Juli 1944 vom »Osten« zurück ins Reich und war bis zur Ausmusterung am 23. Oktober 1963 im Bestand der DB.

M. Ittenbach, Berlin: »Überall rollen im weiten russischen Raum deutsche Lokomotiven und Wagen«
Freigegeben durch OKW (Heer) und Presseabteilung der Reichsregierung am 25. August 1942

»Pj« an der Rauchkammertür steht für das Bw Pjatichatki des Maschinenamts Dnjepropetrowsk. Erkennbar sind von links nach rechts 57 3170, 55 444x, eine 56^{20}, 56 2635 oder 2835, eine 57 und die 55 4911. Der sehr weit im Süden gelegene Aufnahmestandort oder der relativ frühe Aufnahmezeitpunkt könnten das Fehlen jeglichen Frostschutzes erklären. Wieder sind Beispiele für die Vielfältigkeit der Lokomotivschicksale anzuführen: 55 4911, bis Dezember 1941 in Frankfurt (Oder) V beheimatet und sodann nach Osten verlegt, fuhr nach 1945 als Tp 4-50 der Polnischen Staatsbahn. 57 3170, am 12. Dezember 1941 vom Bw Naumburg zum Osteinsatz abgerollt, wurde im Juni 1957 von der Sowjetischen Staatsbahn ausgemustert.

W. Steiner, Berlin: »Von Hand bediente Drehscheibe auf einem Bahnhof im Osten«

Die dreiundzwanzigste überhaupt gebaute P 8, eine Borsig-Lokomotive aus dem Jahre 1908, verschlug es im Krieg vom Bw Breslau Hbf zum Bw Ljubotin am westlichen Rand des Knotens Charkow. Die Lok tat nach dem Zweiten Weltkrieg noch bis 1962 Dienst für die Deutsche Reichsbahn. Den Knoten Ljubotin sprengte die Wehrmacht am 15. Februar 1943 – um vier Wochen später für fünf Monate wiederzukommen. Wegen der Beschädigung des Antriebs mußte die Drehscheibe mit einem einfachen Hebel bewegt werden. Bei einer Scheibe dieser Größe mit einer darauf stehenden großen Schlepptenderlok bedeutete dies sehr schwere Arbeit.

Hollnagel, Hamburg

Bobrinskaja ist ein wichtiger Knotenpunkt zwischen Kiew und dem Schwarzen Meer bzw. der Krim. Das dortige Bw besaß zunächst 58^{23} (ex Ty 23, ganz links ist eine solche Lok von hinten sichtbar) und wurde ab 1943 mit 52ern ausgestattet. Die rechts identifizierbare 52 2133 wurde im Februar 1943 von Henschel an die RBD Berlin geliefert und offenbar alsbald nach Osten abgegeben. Nach der Räumung von Bobrinskaja um die Jahreswende 1943/44 gelangte sie nach Westdeutschland und wurde bereits 1948 ausgemustert. Die von vorne aufgenommene 52 4782 (MBA März 1943) gilt als verschollen.

Hollnagel, Hamburg

Vom Wasserturm aus entstanden die Aufnahmen des großen Betriebswerkes Dolinskaja (westlich des Knotens Dnjepropetrowsk). Die Bauart mit Rechteckschuppen und relativ weit davon entfernten Drehscheiben war in Mitteleuropa selten.

Hollnagel, Hamburg

Nicht weniger als 46 Dampflokomotiven der Reihen 38^{10}, 52, 55^{0} oder 55^{7}, 55^{25}, 56^{2}, 56^{20}, 57^{10}, 58^{23} und 93^{0} sind auf den beiden Übersichtsaufnahmen zu zählen.

Fritz Korte: »Auf einem Bahnhof im Osten: Sand für die Lok«

55 3485 des Bw Neu-Wilna in Litauen bekommt Sand. Das Speiseventil auf dem Langkessel hat eine unschöne Frost(schutz)beule erhalten, die fast wie ein abstürzender Speisedom aussieht. Die noch gasbeleuchtete Lok hatte bis 1939 als Tp 4-456 der PKP gehört, wurde nach nach dem deutschen Einmarsch in 55 3485 umgezeichnet, später vom Bw Jarocin aus nach »Osten« beordert, gelangte bei Kriegsende zufällig wiederum nach Polen und erhielt die neue PKP-Nummer Tp 4-269.

Fritz Korte

Jetzt wird an derselben Anlage Kohle gebunkert. Die hölzerne Kohlenrampe könnte auch irgendwo in der amerikanischen Prärie gestanden haben. Auf den Tender ist – ebenfalls in solider Holzarbeit – zum Schutz des Personals vor Kälte eine Führerhausrückwand aufgebaut worden.

M. Ittenbach, Berlin
Freigegeben durch OKW (Heer) und Presseabteilung der Reichsregierung am 25. Aug. 1942

In Cherson unter südlicher Sonne bekommen diese 38er ihre Kohle. Cherson ist ein sehr wichtiger Knotenpunkt zwischen Südwestukraine und Krim. 38 1973 ist mit einem S10-Tender größerer Kapazität ausgestattet, der auf den weiten Strecken der Ukraine sehr zweckmäßig ist. Die Lok gelangte nach dem Krieg zur DB und wurde 1959 ausgemustert. 38 2321 kam mit Einsätzen auch in Snamenka und Neu Wilna im »Osten« weit herum und beschloß ihre Tage als Ok 1-236 der PKP. Der Kohlekran ist in einfachster Form aus ein paar Schienenprofilen mit Abspannseilen gebaut. Der Kohleneimer wird nicht etwa per Kette hochgezogen, vielmehr wird der ganze Ausleger mittels Hebelkraft vom hinteren Ende auf- und abbewegt. Die Kette dient nur der Führung des Eimers. Mit einem Mann auf dem Tender, einem an der Kette und dreien am hinteren Ende der Wippe hat jede solche Anlage (wir sehen im Hintergrund noch eine) einen Personalbedarf von fünf Mann.

M. Ittenbach, Berlin: »Bekohlungsanlage im Osten«
Freigegeben durch OKW (Heer) am 22.4.43

Hier sehen wir die im Bild oben im Hintergrund stehende 38 2321 etwas genauer. Sie war von Henschel im Dezember 1918 geliefert worden, hatte zunächst die Nummer 2480 Altona getragen und in Wittenberge, Kiel, Flensburg und Lübbenau Dienst getan, bevor sie Anfang 1942 zum Osteinsatz eingeteilt wurde. Von Kohle ohnehin eingemauert, ist sie zur Aufnahmezeit nicht dienstfähig: Der linke Kreuzkopf wird repariert, der Kreuzkopfbolzen liegt auf dem Pufferträger. Auch der linke Pufferteller ist leicht desolat. Die Lok ist noch gasbeleuchtet und hat bislang keinen Frostschutz erhalten. Die Arbeiter am Kohlenkran sind Kriegsgefangene, wie an den restlichen Uniformstücken der Roten Armee erkennbar ist.

W. Steiner: »Bekohlungsanlage im Osten«

38 2829 hat es gemäß Verfügung vom 28. 12. 1941 von der RBD Mainz, Bw Kirn, zum Bw Nikolajew ebenfalls in der Südukraine verschlagen. Die Frostschutzmaßnahmen haben ihr eine hölzerne Führerhausverkleidung gebracht, auf der die Originalschilder wieder angebracht sind. Das Heimat-Bw in der Pfalz sollte ja nach dem Endsieg eine korrekt beschriftete Lok zurückerhalten. Doch es kam anders: Mit Datum vom 1. April 1943 erfaßte die sowjetische Eisenbahndirektion Odessa die 38 2829 als Beute.
Im Panoptikum der Bekohlungsanlagen sehen wir nach der Ausnutzung der Hebelwirkung nun die Anwendung eines anderen uralten Prinzips der Mechanik: Hier wird mit Flaschenzug gearbeitet.

Fritz Korte, Berlin

Wieder eine preußische Lok bei der Bekohlung, aber tausend Kilometer vom vorigen Aufnahmeort entfernt: Die frostgeschützte 91 1754 war in Libau an der litauischen Ostseeküste stationiert. Entsprechend dem höheren technologischen Niveau der baltischen Bahnen sehen wir hier bereits einen Kohlenkran mit einem am Ausleger aufgehängten Elektromotor. Er wird von einer Frau bedient.
Die Lok war von Oebisfelde nach Wilna gekommen und ist dort von März 1942 bis Juli 1943 nachgewiesen. Bei Kriegsende verblieb sie in Westdeutschland und wurde am 15. Juni 1962 als eine der letzten T 9^3 der DB ausgemustert.

W. Steiner, Berlin: »Vor einem Bw im Osten«
Freigegeben durch OKW (Heer) und Presseabteilung der Reichsregierung am 18.5.43

Da rechts wieder die 38 2829 mit der Tenderanschrift »Nj« und links eine weitere 38 mit derselben Abkürzung an der Rauchkammertür zu sehen sind, dürfte dieses Bild das Bw Nikolajew zeigen. Im Schuppen steht 55 243 aus dem Jahre 1904. Sie war vom Bw Wismar »nach Osten« abkommandiert worden und gelangte gegen Kriegsende nach Jugoslawien. Dort lief sie noch als 23-033. Die »DR Ru«-Dienstwagen haben ihre automatische Kupplung behalten. Die Bekohlung wird hier mit Greiferkran durchgeführt.

W.Steiner, Berlin: »Bekohlungsanlage im Osten«
Freigegeben durch OKW (Heer) und Presseabteilung der Reichsregierung am 18.5.43

57 3366 und 55 318 sind in der Reihe der preußischen Lokomotiven identifizierbar, die hier von einem auf Schienen laufenden Drehkran ihre Kohle erhalten. Hanomag hatte die 55 318 im Jahre 1906 gebaut. Das Bw Jülich hatte sie in Richtung Osten in Marsch setzen müssen, wo sie erstmals im März 1942 nachgewiesen ist. Ihr Tender hat zur Erhöhung des Fassungsvermögens einen Bretteraufsatz erhalten. Die sowjetische Staatsbahn musterte sie 1947 aus. Die Betriebsgeschichte der 57 3366 ist relativ gut dokumentiert: Von Nordhausen am 27. August 1941 nach »Osten« dirigiert, ist sie noch im August 1941 in Minsk, ab Januar 1942 in Jasinowataja und ab April 1942 in Bataisk nachgewiesen. Ausgemustert wurde sie 1965 von der DB.

Below, Stettin

Ein noch stabilerer Kran bedient die 55 4750. Die Lok war vom Bw Roßlau »nach Osten« abgegeben worden, wurde nach dem Krieg beim Bw Berlin Anhalter Bf erfaßt und 1967 beim Bw Guben ausgemustert.

Bekohlung mittels Kipplore

Die reine Schwerkraft ist hier Dienerin des Bekohlungswesens, was nicht ohne vorherige Anwendung des Prinzips der »schiefen Ebene« möglich wäre. Brennstoff, wie er einer Lokomotive mit Kohlenstaubfeuerung gut anstünde, bekommt hier die 55 083, eine der ältesten Veteraninnen des lokomotivtechnischen Volkssturms: Schwartzkopff hatte sie anno 1900 gebaut! Sie könnte als »Essen 4442« durchaus schon einmal östlichen Kriegsdienst geleistet haben. Ihr letztes Heimat-Bw vor dem Osteinsatz war Bochum Nord gewesen. Für die Zeit von 5. August 1941 bis 5. März 1942 ist eine Beheimatung in Schaulen nachgewiesen. Die Abkürzung »Sb« an der Rauchkammertür steht wahrscheinlich für das Bw Schwaneburg in Lettland. Die Lok verblieb in der Sowjetunion und wurde von der Sowjetischen Staatsbahn 1952 ausgemustert.

Fritz Korte: »Eine Bekohlungsanlage im Osten«

Diese 57[10] hat Frostschutzvorrichtungen hinter dem Führerhaus erhalten und anstelle von Vorwärmer und Speisepumpe eine weniger kälteempfindliche zweite Strahlpumpe bekommen. Der Kohlekasten des Tenders ist mit Brettern vergrößert. Die Arbeit auf dieser Bekohlungsanlage mit Loren-Schrägaufzug und Fallschächten scheint nicht ganz ungefährlich zu sein.

Hollnagel, Hamburg: »Bekohlungsanlage im Osten«

Die imposanteste der bisher gezeigten Bekohlungsanlagen repräsentiert schönste Zimmermannsarbeit. Die Abkürzung »Wo« an der Rauchkammertür der 55 2897 paßt zum Bw Werchowzewo im Maschinenamtsbezirk Dnjepropetrowsk, das nachweislich mit G 8[1] und G 10 bestückt war. Auch diese Lok hat den vereinfachenden, aber auch leistungsmindernden Umbau von Speisepumpe und Vorwärmer auf den zweiten Injektor durchlaufen. Sie kam beim Rückzug in die Westzonen und fuhr noch für die DB.

Fritz Korte, Berlin

Eine Frau tut Dienst – oder sie darf nach Kohlestückchen suchen? Die Entschlackungskur gönnt sich 91 381. Von der Union-Gießerei in Königsberg 1904 gebaut, hatte sie in der Zwischenkriegszeit der Polnischen Staatsbahn gedient und erst 1941 die Nummer einer bei der Reichsbahn schon früher ausgemusterten T 9^3 erhalten. Die Lok hat noch den alten hoch angesetzten Bremsluftschlauch und trägt Frostschutz sowie Verdunkelungs-Warnanstrich. »Rs« steht für Radviliskis in dem bis 1939 polnischen und dann litauischen Wilna-Gebiet. Die römische »IV« dient wohl der einfacheren Unterscheidung der Loks beim Rangieren. Als 335.1519 der ČSD beendete die kleine Lok ihre Laufbahn.

Below, Stettin

Die frostgeschützte 57 1552 war im Jahre 1918 an die KED Kattowitz geliefert worden und dürfte bis zum Osteinsatz in Oberschlesien gefahren sein. Das Foto zeigt sie im Dienste des Bw Molodetschno an der Strecke Wilna–Minsk in dem bis 1939 polnischen Gebiet. Sie kam im Verlaufe des Rückzuges nach Westdeutschland und war bis zur Abstellung 1954 in den sauerländischen Bw's Altenhundem, Letmathe und Lennep im Einsatz. Der Eisenbahner rechts trägt das Kriegsverdienstkreuz mit Schwertern.

W. Steiner, Berlin: »Zerstörtes Betriebswerk im Osten«

Da von der Halle nicht mehr viel steht, muß der Treibradsatz der 55 2986 des Bw Nikolajew unter freiem Himmel aus- und eingebaut werden. Die von Schichau 1917 gebaute Lok hatte bisher die Nummern Königsberg 5256 (Preußen) und Tp 4-251 (Polen) getragen. Am Führerhaus ist schwach erkennbar die Anschrift der im Generalgouvernement tätigen »Ostbahn«, von der die Lok weiter nach Osten geschickt werden mußte. Frischer ist die Aufschrift »DR-Ost«, die übrigens für die Loks am 20. März 1942 vom Reichsverkehrsministerium Zweigstelle Osten angeordnet wurde. Mit ihrer von der Deutschen Reichsbahn verliehenen Nummer kam sie als Ostrückführlok in die RBD Hannover und wurde 1951 von der DB ausgemustert, weil aufgrund ihrer Herkunft Rückgabeansprüche möglich waren, die einen in die betagte Maschine investierten Unterhaltungsaufwand entwertet hätten.

H. J. Bandelow, Berlin: »Lokomotiven erhalten Winterschutz (EAW Gomel)«

In behelfsmäßigen Ausbesserungsständen mußten in Weißrußland die preußischen Lokomotiven repariert und mit Frostschutz ausgerüstet werden. Gerade in Arbeit ist die 91 779, bei der schon die Rotgußschilder zeigen, daß sie keine polnische Beutelok ist, sondern eine ursprüngliche Reichsbahnlok, und zwar die ehemalige 7317 Halle, von Hohenzollern 1906 gebaut. Die in der Zwischenkriegszeit bei der RBD Dresden beheimatete Lok kehrte gegen Kriegsende zufällig nach Sachsen zurück und kam in den Bestand des Bw Bautzen. Das EAW Gomel wurde am 5. Oktober 1941 statistisch mit folgendem Personalstand erfaßt: »Gefolgschaft 3000 Kräfte, darunter 20 Ukrainer, 150 bis 200 Polen, 50 Juden, der Rest Russen«.

H. J. Bandelow, Berlin: »Lokomotiven erhalten Winterschutz«

»Lok von Bw Molodetschno nach EAW Gomel Frostschutzlok« steht auf dem Laufschild der G 10, die auf der Vorseite schon als zweite Lok hinter der T 9^3 zu sehen war. Die Leitungen werden mit Glaswolle ummantelt, die Armaturen erhalten Schutzkästen.

Korte, Berlin

Der vorgegebene Bildbestand läßt die Schmalspurloks etwas zu kurz kommen. Hier wird eine 750 mm-Lok instandgesetzt. Die eigenartige Reihenbezeichnung »Rt« läßt sogar die Identifizierung zu: Es handelt sich um eine 1926 von der Estnischen Staatsbahn mit diesen Kennbuchstaben versehene Lok, die 1914 von Orenstein&Koppel für die »Festungsbahn Peter der Große« gebaut worden war. Schwer fällt nur die Festlegung, ob es sich um eine der elf Ct-Loks oder eine der acht Bt-Loks dieses Bestandes handelt.

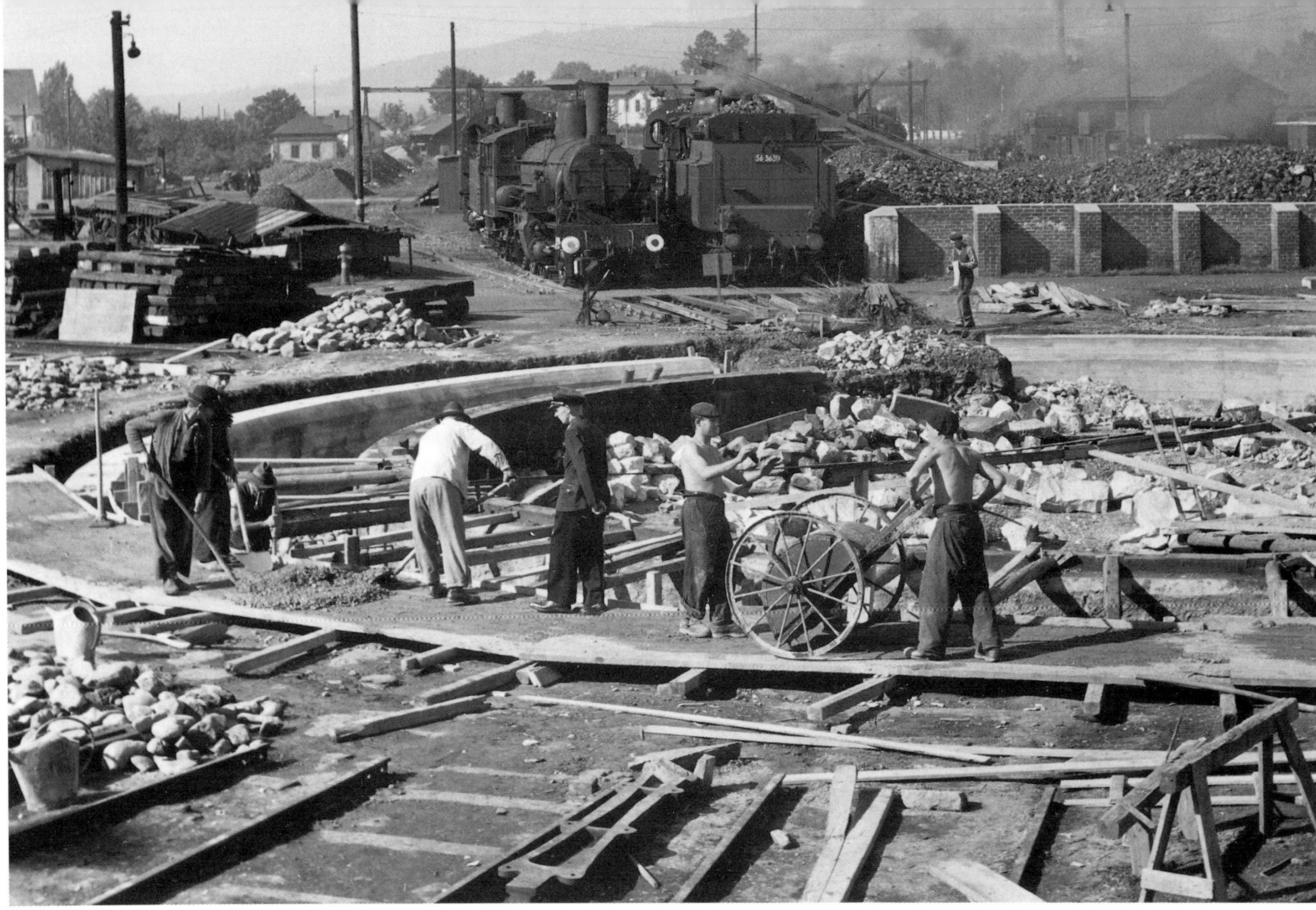

M. Ittenbach, Berlin: »Eine Drehscheibe wird vergrößert«

»Reichsbahn hinter der Ostfront«, das war nicht nur die Reichsbahn in der Sowjetunion! Die betrieblichen Probleme und Bedürfnisse zwischen Tallinn und Sewastopol wirkten sich in vielfacher Weise auch auf Eisenbahnen in den westlich angrenzenden Gebieten, so auf die »Ostbahn« im Generalgouvernement, die Slowakische Staatsbahn, die Protektoratsbahnen und auf die Reichsbahn besonders in den östlicheren Direktionsbezirken aus. Nachschubgebiet im weiteren Sinne waren auch die industriell wichtigen, bis 1938 tschechischen Gebietsteile der RBD'en Breslau und Oppeln. In Trautenau oder Umgebung dürfte die Aufnahme von der Drehscheibenerweiterung entstanden sein. Hinten stehen 37 302 und 56 3630, zwei Alt-Österreicherinnen aus den Jahren 1907 und 1918, die 1938 von der ČSD zur Reichsbahn gekommen waren und sich nach 1945 wieder im Bestand der ČSD befanden. Vor und nach dem großdeutschen Intermezzo hießen sie 344.002 und 434.280.

Below, Stettin

Von der Baustelle im sonnigen Böhmen oder Mähren zurück nach Rußland: Ein Luftangriff oder ein Partisanenanschlag oder eine Unachtsamkeit hat hier einen Lokschuppen abbrennen lassen und eine beschädigte G 8 (55 1915?) sowie die Schuppenöfen im Freien stehen lassen. Eine trostlose Szenerie!

M. Ittenbach, Berlin: »Wiederherstellung eines Lokschuppens und einer Drehscheibe«

Bis auf die Schuppenmauern muß in diesem Bw fast alles neu gebaut werden. Wie überall muß die ganze Arbeit unter Aufsicht deutscher Bahnbeamter von – z.T. sogar uniformierten! – »Hilfswilligen« oder Kriegsgefangenen mit Muskelkraft bewältigt werden.

Hollnagel, Hamburg: »Vor einem Bw im Osten«

Das Bw, in dem südliche Sonne auf die frostgeschützte 57 2217 und auf eine 91^3 scheint, kennen wir schon: Im ersten Kapitel ist die in Sewastopol auf der Krim gelegene Lokstation kurz nach Zerstörung und Eroberung bei Beginn der Umspurungsarbeiten abgebildet. Inzwischen herrscht also Normalspurbetrieb, das Haus links ist wiederhergestellt, doch der Schuppen im Hintergrund hat kein neues Dach erhalten. Die 57 2217 war zur Vorbereitung des Polenfeldzuges am 26. August 1939 von der Rbd Erfurt zum Bw Wien West und zu einem unbekannten Zeitpunkt in den »Osten« gekommen und verblieb nach dem Krieg bei der Sowjetischen Staatsbahn.

Hollnagel, Hamburg

52 6001 hat hingegen einen Platz in einem Rechteckschuppen, bei dem die schönen gebogenen Holzträger des Gewölbes auffallen. Die Lok war von der BMAG gebaut und am 28. Mai 1943 abgenommen worden und ist sodann beim Bw Zdolbunow nachgewiesen. Sie ist mit einem »Floridsdorfer Steifrahmentender« ausgestattet. Nach dem Krieg fuhr sie bei der DDR-Reichsbahn. Rechts steht eine 58^{23}, davor eine 50 oder eine 52 mit 50er-Tender.

W. Steiner, Berlin: »Transportzug auf der Fahrt zur Front«** mit Bleistift: **Bf. Gretschany

Hier kocht eine 52, ebenfalls ein Exemplar mit dem Steifrahmentender, vor der Weiterfahrt kräftig Dampf. Typisch für Truppentransporte waren die wenigen Personenwagen für die Offiziere und die vielen Güterwagen für die Mannschaften. Links rangiert eine 55. Es scheint die Lok mit der schönen Nummer 55 5000 zu sein. Gretschany liegt an der Strecke Lemberg–Odessa etwas östlich der bis 1939 gültigen sowjetischen Westgrenze.

W. Steiner: »Vor einem Bw im Osten«

Hier wurde ein reines 52er-Bw abgelichtet! Die Abkürzung »Sd« an der 52 007 (?) links könnte für Sdolbunow (häufiger mit »Z« geschrieben) stehen, was freilich nicht bedeutet, daß die Aufnahme auch hier entstanden ist. 52 2200 (Henschel März 1943, ausgemustert von der DB 1954) hat am Steifrahmentender aufgeschraubte Frostschutzplatten. Zum »erweiterten Frostschutz« gehört auch der Schornsteindeckel.

Hollnagel, Hamburg

Selten sind Betriebsaufnahmen von den für Abdampfkondensation eingerichteten Henschel-Loks 52 1850 – 2027! Als sie 1943 geliefert wurden, waren die wasserarmen Gebiete in der Südukraine, wo man sie hatte einsetzen wollen, nicht mehr in deutscher Hand.
Oben sehen wir eine Kondens-52 hinter einer 52 mit frostgeschütztem Kastentender bei einem winterlichen Kreuzungsaufenthalt. Der erste Wagen ist aus Belgien.
Unten wartet 52 1893 (Henschel August 1943) des Bw Nikolajew auf Ausfahrt. Sie kam später zur DB, wurde bereits 1950 ausgemustert, aber noch bis 1964 in der BD München als Heizlok verwendet. Auffällig ist die Fensterklappe, auf der die bei geöffnetem Zustand verdeckte Bw-Angabe an der Führerhauswand wiederholt wird.

H. J. Bandelow, Berlin: »Loks auf einem Bahnhof im Osten«

Gleich drei 57er sind einem Zug vorgespannt, der hier warten muß, bis der alte Wasserkran aus seinem dünnen Rohr alle Tender gefüllt haben wird. Da fuhr man mit der Kondens-52, die nur alle 1000 km neues Wasser brauchte, doch flotter!

W. Steiner, Berlin: »Wasserübernahme«

Ein von der Reichsbahn eingebauter Wasserkran vom Krausewerk in Neusalz an der Oder gibt hier einer 55er ihr Lebenselixier. Die Lok hat einen frisch glänzenden Gasbehälter am Tender erhalten. Die hölzerne Führerhauswand mit Gitterfenster verkörpert eine der unzähligen Bauartvarianten für Frostschutz und Vorratsvergrößerung. Der einheimische Eisenbahner trägt zur Kenntlichmachung seiner Funktion eine Armbinde.

Below, Stettin

Die preußische G 10 war im »Osten«, aber auch in anderen deutschen Besatzungsgebieten allgegenwärtig! Hier sind zwei Maschinen vor einen Güterzug gespannt. 57 3272 war 1923 bereits mit Reichsbahnnummer neu zum Bw Karthaus an der Mosel geliefert worden, gehörte im Reich zuletzt zum Bw Homburg/Saar, war spätestens seit März 1942 »im Osten« und ist für Januar 1943 beim Bw Rawa Ruska im »Generalgouvernement« nachgewiesen. Die nächste Meldung besagt, daß sie (nach einem RAW-Aufenthalt in Stendal von September bis Oktober 1943) im Jahre 1944 in Rumänien eingesetzt war. Ausgemustert wurde sie im August 1951 von der SZD. Die hintere Lok verrät uns nur ihre Stationierung in Molodetschno. Einheimische sammeln Kohlestückchen auf.

H. J. Bandelow, Berlin: »Schadlokzug im Osten« Freigegeben durch OKW (Heer) und Presseabteilung der Reichsregierung am 9.4.43

Der Schadstand bei den deutschen Loks in der Sowjetunion war extrem hoch. Nach einem Frost-, Minen- oder Entgleisungsschaden waren bis zum nächsten Ausbesserungswerk weite Wege zurückzulegen. Lokfriedhöfe und Schadlokzüge waren vertraute Anblicke. Hier machen sich eine ganze Anzahl 38er, 55er und 57er auf die lange Reise zur Reparatur. In den Tendern reisen Schwarzfahrer.

W. Steiner, Berlin: »Zerstörter Bahnhof im Osten«

57 1030 ist mit einem bayerischen 3T20 gekuppelt, der durch die Ausmusterung der G 4/5 H (56^{8-10}) freigeworden war. Vor dem Krieg war sie in Lindau am Bodensee und später in Hütteldorf bei Wien beheimatet gewesen. Ihr Verbleib ist unbekannt. Sehr erlesen ist die kurze Zuggarnitur aus einem CIWL-Speisewagen und einem preußischen Speisewagen. In solchen Dienstzügen reisten und residierten militärische Stäbe und höhere Bahndienststellen. Die Aufnahme entstand in Bachmatsch West am Kreuzungspunkt der Strecken Kiew–Kursk und Minsk–Poltawa.

M. Ittenbach, Berlin: »Güterzug in einem Bahnhof im Osten«

57 2430, weiland Bw Flensburg, gehörte zum Bw Fastow I und wurde in Kiew fotografiert. Auch sie hatte den bayerischen Tender. Sie diente nach 1945 noch wenige Jahre den Saar-Bahnen und wurde 1952 abgestellt und 1958 ausgemustert. Die Aufnahme zeigt sie ohne Frostschutz.

H. J. Bandelow, Berlin: »Im Osten«
Freigegeben durch OKW (Heer) und Presseabteilung der Reichsregierung am 13.3.43

Obwohl ein Rangierunfall ihr beide Puffer geraubt hat, muß 57 2487 eine schwere Vorspannleistung fahren! Rohre, Armaturen und Frostschutz sind dringend instandsetzungsbedürftig. Die Pumpenabdampfleitung schlängelt sich höchst originell an Stehkessel und Führerhaus entlang aufwärts. Von Henschel 1921 gebaut, war die Lok zunächst in Frankfurt/Oder beheimatet gewesen. Im Zuge der planmäßigen Vorbereitungen der »Sudetenkrise« war sie im Juni 1938 zum Bw Hof gekommen und später innerhalb der RBD Regensburg noch an die Betriebswerke Weiden und Plattling weitergegeben worden. Ab Juni 1939 hatte sie wieder zum Bw Frankfurt/Oder V gehört. Am 5. August 1941 war sie »nach Osten« abgerollt. Das Foto zeigt sie in den Diensten des Bw Losowaja (im Maschinenamtsbezirk Poltawa) an einer sehr wichtigen Streckenverzweigung zwischen Dnjepropetrowsk, Charkow und Woroschilowgrad. Nach einem Aufenthalt im RAW Aalen von 5. August bis 14. September 1943 ist sie für Februar 1944 in Dorpat nachgewiesen. Später wurde sie dem General für das Transportwesen Südost zur Verfügung gestellt. Nach dem Krieg gehörte sie der SZD, die sie im Februar 1950 ausmusterte.

Steiner, Berlin: »Mit Volldampf zur Front«

Trotz des martialischen Bildtitels: So fotografiert kein Berichterstatter einer Propagandakompanie, sondern ein Mann, der von Eisenbahnen und Eisenbahnfotografie etwas versteht. Die so gekonnt in Szene gesetzte 57 1467 (Borsig 1917) war im Frieden und der ersten Phase des Krieges beim Bw Stettin Hgbf gewesen und hatte nach der Ostverschickung ab 26. September 1941 zunächst bei den Bw Luga und Shepetowka gedient. Das Bild zeigt sie mit der Anschrift des Bw Belopolje. All diese Orte befinden sich in dem bis 1939 polnischen Gebiet. Nach einem Aufenthalt im OAW Lemberg von 19. November bis 13. Dezember 1943 verliert sich ihre Spur zunächst. Die Ausmusterung verfügte die Sowjetische Staatsbahn 1945.

M. Ittenbach, Berlin: »Truppentransportzug im Osten«

Eine der ersten G 8^1 (55 25..) wurde frostgeschützt und mit nur einer vorsintflutlichen riesigen Gaslaterne im Hauptbahnhof von Brest-Litowsk aufgenommen. Original preußisch sind auch die Abteilwagen!

Hollnagel, Hamburg

Mit größter Anstrengung setzt 58 2346 ihren Zug in Bewegung. Die in Deutschland, Belgien und Polen für die Polnische Staatsbahn gebaute Ty 23 erfreute sich bei ihren Eroberern größter Beliebtheit: Die Sowjets brachten umgespurte Maschinen auf der 1931 gebauten »TurkSib« zwischen Alma Ata und Nowosibirsk in Zentralasien zum Einsatz. Die Deutschen brachten sie in alt-sowjetische Gebiete, so daß die gezeigte Lok im Bw Bobrinskaja an der Magistrale Fastow–Dnjepropetrowsk beheimatet war. Die 1924 von Cockerill in Belgien gebaute Maschine kam beim Rückzug mit nach Deutschland und wurde Anfang der fünfziger Jahre von der BD Regensburg ausgemustert.

W. Steiner, Berlin: »Bahnhof im Osten«

57 3427 von der RBD Nürnberg mit bayerischem Tender war zur ukrainischen Lokauffangstelle Zdolbunow geschickt worden und wurde bei Tauwetter in Woroshba im Maschinenamtsbezirk Konotop in der Nordostukraine aufgenommen. 1945 wurde sie ausgerechnet in den Niederlanden etwa 3000 km weiter westlich aufgefunden, später an die DB abgegeben und 1959 beim Bw Koblenz-Lützel ausgemustert.

M. Ittenbach, Berlin: »Rangierlok in einem Bahnhof im Osten«

91 520 gehörte zu den von der Polnischen Staatsbahn übernommenen und mit den Nummern ausgemusterter Loks versehenen T 9^3. Sie gehörte zum Bw Brest-Litowsk Hbf und rangierte im Heimatbahnhof. Nach dem Krieg gehörte sie als TKi 3-99 erneut der PKP.

W. Steiner, Berlin: »Transport einer Schmalspurlokomotive«

Im fernen RAW Chemnitz, das auf Schmalspurloks spezialisiert war, hatte die »S.K. III 015« eine am 16. Februar 1943 abgeschlossene Untersuchung erhalten, von der sie nun auf einem französischen Wagen in den »Osten« zurückkehrt. Bauartmerkmale der Lok mit dem für Holzbeförderung vorgesehenen Tender deuten auf das Herstellerwerk Kolomna hin. Da die mit Farbe aufgemalte Bezeichung auch auf dem Gußschild am Führerhaus entzifferbar ist, und zwar ebenfalls mit lateinischem »S«, ist eine baltische oder polnische Heimat der Maschine anzunehmen. Auch diese kleine Lok ist frostgeschützt.

W. Steiner, Berlin: »Im Bahnhof Bobrinskaja«

Die mit großem Frostschutzkasten am Langkessel versehene 55 556 befördert neue Panzer an die Front. Stand der Technik im »Stellwerks«wesen war die Stationierung je eines Mannes an jeder Weiche! Deutsche Ausfahrsignale geben dem Bahnhof einen fast heimatlichen Anblick, zu dem auch die Windmühle am Horizont beiträgt. Die Lok stammte aus Troisdorf und schaffte die Rückkehr nach Deutschland: Sie wurde am 20. 9. 48 in den Westzonen ausgemustert.

W. Steiner, Berlin: »Auf einem Bahnhof im Osten«

Die 38 1153 vom Bw Dnjepropetrowsk gehörte zu den von der PKP übernommenen und mit Nummern ausgemusterter Artgenossinnen versehenen P 8. Die schwache Bauart der Puffer und das Fehlen der Windleitbleche lassen denn auch erkennen, daß das große Normungsprogramm, das die Deutsche Reichsbahn in den zwanziger und dreißiger Jahren an ihren Länderbahnloks vollzogen hatte, an dieser Lok vorbeigegangen war. Nach 1945 war sie als Ok 1-76 erneut bei der PKP. (Die polnischen Vor- und Nachkriegsordnungsnummern sind nicht identisch.) Der ebenfalls erbeutete Wagen ist beladen mit einem mittleren Schützenpanzer (links) und einem leichten Schützenpanzerwagen mit Rahmenantenne.

W. Steiner, Berlin: »Feldgraue warten auf Weiterbeförderung«

»Die Hälfte seines Lebens wartet der Soldat vergebens …«, wobei das Warten im Sonnenschein neben der 38 3253 durchaus erträglich gewesen sein dürfte. Die vor dem Krieg zur Rbd Kassel gehörige und zum Aufnahmezeitpunkt dem Bw Kiew Hbf zugewiesene Henschel-P 8 wurde 1965 beim Bw Uelzen ausgemustert. Beachtenswert ist auch die Gleisbaustelle mit Stahlschwellen.

Militär-transporte

M. Ittenbach, Berlin: »Auf einem großen Bahnhof im Osten«

Der »große Bahnhof« heißt Brest-Litowsk. Die charakteristische Fußgängerbrücke im Hintergrund erscheint auf vielen im Krieg und später entstandenen Fotos von diesem Grenzbahnhof zwischen »Generalgouvernement« und »Ostland« bzw. zwischen Nachkriegspolen und der Sowjetunion. Links steht die bereits weiter oben einmal gezeigte 55^{25} mit niedriger Nummer, rechts eine »im Osten« nur selten anzutreffende polnische OKz 32 (Reihe 95^{3} der Deutschen Reichsbahn bzw. Ostbahn). Der Oberschütze neben der Weiche dürfte andere Sorgen haben.

176

Bereits auf den letzten Bildern des vorangehenden Kapitels über den Lokomotivbetrieb waren militärische Fahrgäste und Ladegüter zu sehen, deren Beförderung selbstverständlich einen großen Teil der Eisenbahnkapazitäten im besetzten Gebiet in Anspruch nahm. Die Zusammenarbeit zwischen Wehrmacht und Reichsbahn hinsichtlich der Durchführung der Militärtransporte war kompliziert organisiert und wurde während des Krieges mehrfach reformiert. Die parallel zur Eisenbahnverwaltung bestehenden militärischen Transportbehörden waren ab 1942 wie folgt aufgebaut: Dem Chef des Transportwesens unterstanden jeweils für eine Heeresgruppe Generäle des Transportwesens und diesen wiederum Transport- und Bahnhofskommandanturen. Dem Chef des Transportwesens unterstanden unmittelbar die Eisenbahnpioniere und die weiter oben schon erwähnten Feldeisenbahndirektionen bzw. (ab März 1942) -kommandos, so daß in Frontnähe die militärische Führung das Eisenbahnwesen unmittelbar leitete, im besetzten Hinterland und in der Heimat hingegen als privilegierter Auftraggeber der Reichsbahn auftrat.

Die wichtigsten militärischen Zuggattungen waren die Truppen-, Nachschub-, Verwundeten- und Kriegsgefangenentransporte. Für Truppentransporte wurden »Einheitszüge« normiert. 1943 galt für den »I-Zug« zum Transport nichtmotorisierter Einheiten eine Regelzugbildung aus drei Personen- und 13 Mannschaftswagen, 35 Güterwagen verschiedener Bauarten für Pferde, Fahrzeuge und Waffen sowie zwei Luftschutzwagen. Der »K-Zug« für den Transport motorisierter Einheiten bestand aus fünf Personen-, zwei Mannschafts-, 40 Rungen- und Flachwagen sowie einem Luftschutzwagen. Der Transport einer Infanteriedivision erforderte etwa 65 Züge, einer Panzerdivision etwa 100 Züge, einer Waffen-SS-Division etwa 120 Züge. Beim Transport der 1942 eingeführten schweren Panzertypen »Tiger« und »Panther« mußte wegen Lademaßüberschreitung bei zweigleisigen Strecken das

M. Ittenbach, Berlin: »Betrieb in einem Bahnhof im Osten« Freigegeben durch OKW (Heer) und Presseabteilung der Reichsregierung am 16.3.43

Züge mit Rüstungsgütern beherrschen dieses Bild aus einem unbekannten größeren Bahnhof. Auf den Rungenwagen rechts sind Geschütze verladen, in der Mitte sehen wir u.a. Panzer, Panzerlaufrollen und Motorräder mit Seitenwagen. Daß an dem Zug links zwei hellgekleidete Mädchen stehen, könnte darauf hindeuten, daß dieser Zug Arbeitskräfte ins Reich bringt. Die großen Gittermasten im Hintergrund dienen nicht einer baldigen Elektrifizierung, sondern dem Einbau einer Flutlichtanlage.

Korte, Berlin

In den achttürigen Eilzugwagen steigen Gebirgsjäger ein, die 1942 im Kaukasus eingesetzt waren. Der Soldat in Bildmitte führt eine Kamera griffbereit mit.

Gegengleis gesperrt werden. Für die anderen Zugarten, zu denen in der Rückzugsphase noch die Räumungszüge kamen, war eine so starke Vereinheitlichung nicht möglich. Für alle Zugarten war jedoch eine Höchstlänge von 550 Metern und ein Höchstgewicht von 850 Tonnen (jeweils ohne Lok) festgelegt. Mit diesen Vorgaben konnten sowohl die Ausbaumaßnahmen an Bahnhöfen gesteuert als auch Fahrpläne entworfen werden, die mit den am meisten verwendeten Lokgattungen einhaltbar waren.

M. Ittenbach, Berlin: »Angekommen – alles aussteigen«

… aus den preußischen Abteilwagen und aus den gedeckten Güterwagen. Aber bald gehts weiter, vom ersten Bahnhof im Feindesland Brest-Litowsk viele hundert Kilometer weit an die Ostfront, die von allen Fronten die am meisten gefürchtete war. Oder geht die Reise in den Heimaturlaub? Siehe nächstes Bild!

H. J. Bandelow, Berlin: »Am SF-Urlauberzug in Brest-L.«

Wiederum in Brest-Litowsk entstand diese Ansicht, und zwar an einem Zug besserer Art, dem Schnellzug für Fronturlauber. 789 km weit ist die Reise durch das Generalgouvernement, den Warthegau und das Altreich bis in die Reichshauptstadt. Aus dem Fenster blicken »blaue Eisenbahner«. Die beiden Unteroffiziere des Heeres auf dem Bahnsteig haben viel Gepäck. Die Soldaten pflegten schwer bepackt an die Front und in den Urlaub zur fahren. Warme Kleidung und zusätzliche Stärkungsmittel konnten in Rußland überlebenswichtig sein, Lesestoff milderte die Langeweile. Für die Rückfahrt versuchte man für die Familie z.B. Agrarprodukte zu »organisieren«, die in der Heimat allmählich knapp wurden, oder man bekam als Mitbringsel für Zuhause ganz offiziell das »Führerpaket« ausgehändigt.

Hollnagel, Hamburg

Hier wird wieder in militärischer Schlichtheit gereist. Das Ausfahrsignal zeigt »Frei«, also allmählich einsteigen, Kameraden! Das Signal mit Gegengewicht zum Signalflügel entspricht einer Bauform, wie sie von den Herstellern J.Gast und Max Jüdel in den letzten Jahrzehnten des 19. Jahrhunderts auch an die Preußische Eisenbahnverwaltung geliefert worden war. Wie auf so vielen Bildern fällt die Sandbettung der Gleise auf, die weder für Stabilität noch für Elastizität des Oberbaus sorgt und die Regen- und Schmelzwasser schlecht abfließen läßt.

M. Ittenbach, Berlin: »Mannschaften eines Truppentransportes angetreten zur Weiterfahrt auf einem Bahnhof im Osten«
Freigegeben durch OKW (Heer) und Presseabteilung der Reichsregierung am 11.12.42

Und wieder Brest-Litowsk! Wagenkundlich fällt rechts ein alter bayerischer D-Zug-Wagen auf.

Below, Stettin

Mit diesem Schnellzug dürfte militärische oder politische Prominenz angekommen sein, denn die annähernd zehn Millionen deutschen Soldaten, die für eine mehr oder weniger lange Zeit an der Ostfront eingesetzt waren, wurden nicht alle mit Blasmusik begrüßt.

H. J. Bandelow, Berlin: »Auf einem Bahnhof im Osten«

Einsteigen mit viel Gepäck in einen Personenzug, dessen kurzgekuppelte Abteilwagenpärchen vor der Elektrifizierung auf der Berliner Stadt- und Ringbahn eingesetzt gewesen waren.

M. Ittenbach, Berlin: »Wehrmachturlauberverkehr« Freigegeben durch OKW (Heer) und Presseabteilung der Reichsregierung am 25. Aug. 1942

Eine lange Reise auf Holzbänken stand diesen Soldaten bevor, doch im Vergleich zum Güterwagen waren »Donnerbüchse« und Abteilwagen noch komfortabel. Die Lokschuppen-Bauarbeiten im Hintergrund haben wir uns weiter oben bereits genauer angesehen.

M. Ittenbach, Berlin: »Betreuung eines Fronturlauberzuges auf einem Bahnhof in Thüringen«

Tausende Kilometer weiter westlich an der »Heimatfront« entstand dieses Bild. Der »SF« fährt »nur für Wehrmachtsangehörige« von München Hbf nach Berlin Anhalter Bahnhof. Die im Abteil hängenden Chiantiflaschen zeigen, daß diese Fahrgäste von der italienischen Front auf Urlaub kommen. Im nächsten Abteil oder im nächsten Wagen mögen Kameraden sitzen, die aus Bayern oder Tirol wieder dorthin müssen, wo es keinen Rotwein gibt…

Below, Stettin

Zwei Obergefreite (davon einer mit Verwundetenabzeichen), ein Unteroffizier und drei Schützen vertreiben sich die Wartezeit auf dem Bahnsteig oder der Verladerampe. Der Frontverlauf auf dem Schachbrett zeigt, daß »Schwarz« zwar recht unbeholfen seine Figuren um die eigene Bauernreihe herum nach vorne geführt hat, daß »Weiß« aber seinen König im Führerbunker an der Ecke des Spielfeldes nicht mehr retten kann, weil er nur noch über Bauern verfügt.

Fr. Fr. Faull: »Wehrsoldauszahlung am Zuge«
Freigegeben Bln., den 29. Jul 1942, Presseabteilung der Reichsregierung im Reichsministerium für Volksaufklärung und Propaganda – Bildpresse – i.A. gez. Kurzbein, Abzug und uneingeschränktes Veröffentlichungsrecht für das Bildarchiv des Pressedienstes des Reichsverkehrsministeriums erworben, Berlin, den 3. 10. 1942
Frei OKW (Heer) Versen Hptm. Freigegeben Stellv. Gen. Kdo. VII. A.K. 2.7.42, Dr. Wolff

Noch Fragen? Die Lok dürfte eine österreichische 260 sein, die die Reichsbahn von der BBÖ, der ČSD und der PKP geerbt und als Reihe 54^1 eingenummert hatte.

Hollnagel, Hamburg: In einem Bahnhof im Osten«

Deutsche Soldaten warten in der Festungsstadt Sewastopol auf der Südwestspitze der Krim auf ihren Zug.

Hollnagel, Hamburg

Während diese Soldaten auf die Weiterreise warten, bläst bei der 52 im Hintergrund das Sicherheitsventil ab. Links rangiert eine Ty 23, rechts von der 52 steht ein Panzertransport mit einem italienischen Schlußwagen.

M. Ittenbach, Berlin: »Truppentransport im Osten«

Ein Schütze und zwei Unteroffiziere begleiten ihre Fahrzeuge auf dem Transport. Der ans Schutzblech des LKW gelehnte Uffz. liest eine der zur Bekämpfung der Langeweile im Kriegsalltag heißbegehrten Illustrierten.

M. Ittenbach, Berlin: »Militärtransport auf einem Bahnhof im Osten« Freigegeben durch OKW (Heer) und Presseabteilung der Reichsregierung am 28.5.43

Reger Betrieb in einem voll ausgelasteten kleinen Bahnhof! Links rangiert eine 91^3, rechts sind auf abgebordeten Rungenwagen mittlere geländegängige LKW für drei Tonnen Nutzlast vom Typ Henschel 33 D 1 verladen.

H. J. Bandelow, Berlin:
»Militärtransport im Osten«
Freigegeben durch OKW (Heer) und Presseabteilung der Reichsregierung am 3. Nov. 1942

Auf dem »Köln 12489« mit dem Gattungszeichen SS, welches nichts mit Politik zu tun hat, sondern für einen »offenen Wagen mit mindestens 35 t Ladegewicht mit eisernen Rungen und 15 m Ladelänge, vier- und mehrachsig« steht, ist ein Sturmgeschütz III, Ausführung B oder E, verladen. Seine Besatzung unterhält sich mit Schwestern vom Deutschen Roten Kreuz. Auf dem Wagen rechts folgt ein Panzer III.

H. J. Bandelow, Berlin

Hier sind zwei »Schwere Infanteriegeschütze 15 cm sJG 33 auf Geschützwagen 38« und ganz hinten ein LKW mit hinterem Kettenlaufwerk (»Halbketten-LKW«) unterwegs. Hierfür genügten noch Rungenwagen, von denen man,wie vorne ersichtlich, damals vielfach die Bordwände entfernte.

Hollnagel, Hamburg

Eine 56^2 wartet auf Ausfahrt. Das Ladegut ihrer Wagen sind »Mörserzugmittel« auf dem »Fahrgestell Panzerkampfwagen 38 H«, bei denen es sich um 1940 erbeutete und später modifizierte französische Hotchkiss-Fahrzeuge handelt.

H. J. Bandelow, Berlin

Hier werden Lastkraftwagen verschiedener Typen befördert. Der LKW in Bildmitte ist ein Büssing NAG Typ 4500 A-1. Hinter zwei Rungenwagen mit Stahl- bzw. Holzbordwänden ist ein geradezu spielzeughaft kurzer Niederbordwagen eingereiht. Sein Eigentumskennzeichen »DR Ru« beweist, daß sich in der sowjetischen Güterwagenbeute auch solche Raritäten befanden. Links rangiert die 74 182, eine aus dem Bestand der PKP übernommene T 11 des Baujahrs 1907. Sie blieb bei der in Polen gebildeten »Ostbahn« und war von 1940 bis 1944 in Chelm am östlichen Rand des »Generalgouvernements« beheimatet, so daß wir hier auch den Aufnahmeort vermuten können.

H. J. Bandelow, Berlin: »Heißes Wasser von der Lok«

Während die erste Lok des dreifach bespannten Zuges gerade Wasser bekommt (siehe das Bild des gleichen Zuges weiter oben im Kapitel »Lokomotivbetrieb«!), spendet die 57 2241 einem Soldaten einen Topf voll Kesselwasser. Diese Lok hatte vor dem Krieg ihr Wasser aus Wasserkränen der Bw Kirchweyhe und Coesfeld bezogen, ihr weiteres Schicksal ist unbekannt.

Hollnagel, Hamburg

Obwohl dieser Wagen der damals besseren Zweiten Klasse der Italienischen Staatsbahn gehört (Gattung 50 000, Heimatbahnhof Vicenca), ist er laut Kreideanschrift in einen »Behelfsmäßigen Verwundeten-Zug« (BVZ) eingereiht. Der Wagen des Bündnispartners erinnert daran, daß außer den Armeen Rumäniens, Ungarns und der Slowakei in mehr oder weniger großer Zahl auch Italiener, Kroaten, Spanier, Franzosen, Belgier und noch andere Nationalitätengruppen an der Ostfront kämpften.

M. Ittenbach, Berlin: »Im Bahnhof Kowel«

Die Deutsche Reichsbahn stellte aus Personen- und Güterwagen insgesamt 137 Lazarettzüge, 67 Behelfslazarettzüge und 26 Leichtkrankenzüge zusammen. Einen der letztgenannten hat der Fotograf beim Zwischenhalt im Knotenbahnhof Kowel beobachtet. Der Schnellzugwagen links ist preußischer, der rechts bayerischer Bauart. Einheimische Frauen verkaufen den Verwundeten frische Lebensmittel. Die Beinbekleidung des Soldaten, der dem Betrachter den Rücken zuwendet, ist aus militärischer Sicht unkonventionell.

RBD Stuttgart/ G.Breuer-Courth: »Lazarettzug in Stuttgart Hbf«

Diese schwerer verletzten Soldaten sind im Reich angekommen und werden vom Roten Kreuz betreut. Für viele war der »Heimatschuß« lebensrettend.

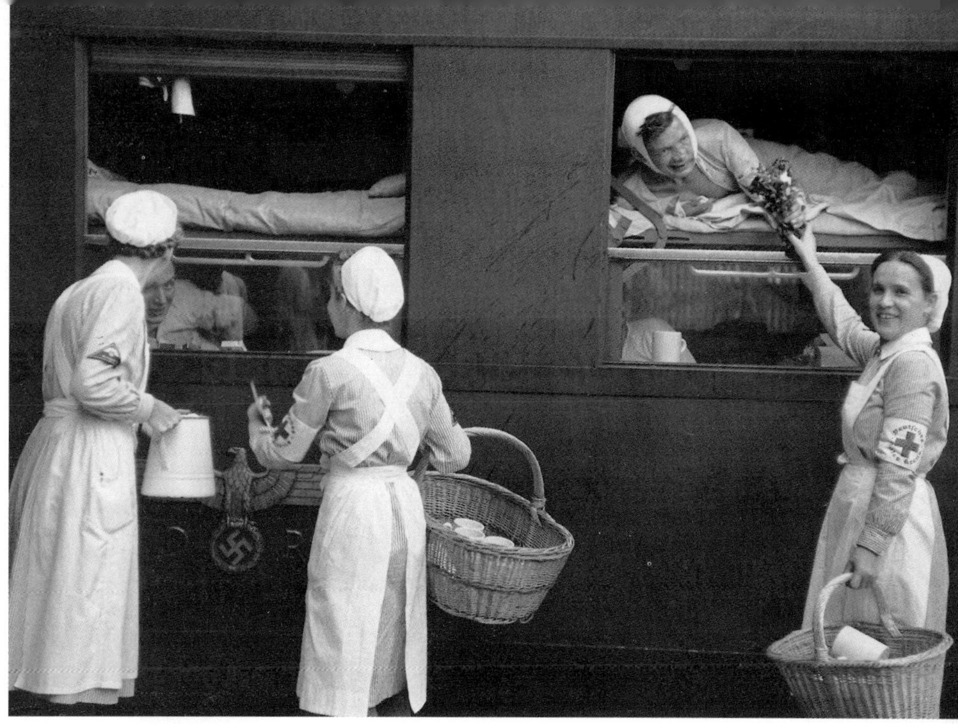

M. Ittenbach, Berlin

Die meisten Wege zu den Heeresgruppen Nord und Mitte der Ostfront führten über Berlin. Das Bild zeigt dichtes Gedränge auf dem Fernbahnsteig des Bahnhofs Zoologischer Garten. Der seit 1936 laufende Umbau ist nahezu abgeschlossen; die Halle wurde jedoch im Krieg nicht mehr verglast. Links nahe der Bahnsteigkante dreht sich ein Ost-Eisenbahner mit alter Mütze und RVD-Armbinde zum Fotografen um. Die Bahnhöfe der Stadtbahn sahen mit den von Bomben und Tieffliegern bedrohten Stadtbahnzügen in einer in Trümmer sinkenden Stadt, mit den Flüchtlingszügen, mit Stalins Sonderzug nach Potsdam, mit den ersten abenteuerlichen Interzonenzügen und mit dem ersten Zug nach der Berliner Blockade in ganz wenigen Jahren besonders viele Züge der Zeitgeschichte.

Hollnagel, Hamburg

Mit einer letzten Aufnahme aus dem auch weit hinter der Front vom Krieg immer mehr geprägten Reichsbahnalltag soll das Kapitel abgeschlossen werden: Durchhaltepropaganda und Bombenschäden im Hauptbahnhof von Kassel konfrontieren zahllose nicht zum Vergnügen reisende Zivilisten und Uniformierte mit der Unabwendbarkeit der Niederlage.

Was alles auf Schienen fahren kann

Below, Stettin

Die weiter oben schon einmal gezeigte Blockstelle Kalna an einem offensichtlich neu verlegten Gleis erhält Besuch. Die niedliche Robel-Draisine (»Kl 3754«) schützt freilich weder vor dem Wetter noch vor den Partisanen. An der Uniform des Insassen ist das Ärmelabzeichen der Reichsverkehrsdirektionen (hier RVD Minsk) gut zu erkennen.

Hollnagel, Hamburg

Der mindestens 15 Wagen lange Schnellzug wird am Zugschluß mit leichter Flak gesichert. Der letzte der beiden hierfür hergerichteten Wagen ist ein russischer Vierachser. Rechts rangiert eine 92.

W. Steiner, Berlin: »Ehemalige russ. Draisine«

Nach einem anderswo veröffentlichten Bildtext soll die Aufnahme des kleinen Triebwagens zur Streckenbereisung mit der Nummer 0057 im Bahnhof Losowaja entstanden sein.

Sowohl die Vermischung deutscher, österreichischer, polnischer, rumänischer, baltischer und sowjetischer Fahrzeuge als auch die Ausrüstung von Schienenfahrzeugen für Kriegszwecke führte zu einer großen Vielfalt selbstfahrender Eisenbahnfahrzeuge und eigenartiger Wagen. Unsere Bildreihe führt einige solcher Merkwürdigkeiten vor, die konstruktiv großenteils auf der Kombination von Schienen- und Straßenfahrzeugtechnik beruhen.

***M. Ittenbach, Berlin: »Im Osten«** bzw.*
»Züge mit Panzerwagen auf dem Wege zur Front«

Im besetzten Sowjetgebiet wurden zur Sicherung gegen die Partisanen einige dutzend Panzerzüge eingesetzt, deren Zusammensetzung und Bewaffnung sich ständig änderte. Der hier gezeigte Panzerzug mit der höchsten vergebenen Nummer 31 besteht aus einer nur im Bereich des Führerhauses gepanzerten und nicht einmal frostgeschützten 57^{10} und aus umgespurten sowjetischen Wagen. Der gleich vor der Lok eingereihte Wagen gehört dem erbeuteten und umgespurten Typ »BP 35« an, wobei einer seiner ursprünglich zwei Geschütztürme durch eine Flakstellung ersetzt ist. Auf den nächstfolgenden Wagen ist ein kompletter Beutepanzer gestellt, der bei Bedarf abgesetzt werden kann. Der Zug ist abgestellt, der Schornstein der Lok ist abgedeckt. Der Fotograf befindet sich auf dem ersten Wagen eines Zuges, dessen preußische Lok zum Bw Dnjepropetrowsk gehört.

H. J. Bandelow, Berlin

Zur Sicherung gegen Partisanen wurden am Schluß der Züge Wagen mit Panzern beigegeben. Hier ist es ein erbeuteter sowjetischer T 26 B mit 4,5 cm-Kanone und drei Mann Besatzung. Sowjetisch ist auch der letzte Wagen.

Hollnagel, Hamburg: »Panzerwagen auf Schienen auf einem Bahnhof im Osten«

In Poltawa Ost fand der Fototermin mit der Panzerdraisine statt, die aus einem französischen Panzerspähwagen Panhard 178 mit 2,5 cm-Kanone entstanden war und eine Rahmenantenne deutscher Bauart besaß.

Schienen-LKW

Sowohl durch Umbau vorhandener Lastkraftwagen als auch durch entsprechende Ausrüstung neuer LKW's ab Werk entstanden Schienen-Lkw's, die für Erkundung und Instandsetzung eroberter Strecken und in der Folgezeit für Transporte mit bis zu drei angehängten Wagen bestimmt waren. Die Eisenbahn-Pioniere erhielten 1941 für den Rußlandfeldzug 170 solche Fahrzeuge. Der wichtigste Hersteller war Büssing. Das hier aufgenommene Exemplar stammte von Magirus und hatte vor dem Krieg der Deutschen Reichsbahn gehört. »Typisch Lok« ist die Besandungseinrichtung an den Treibrädern!

M. Ittenbach, Berlin: »Auf Kontrollfahrt«

Ein vermutlich in Westeuropa erbeuteter Chevrolet wurde als Schienenauto in Wladimir-Wolynsk südlich von Kowel aufgenommen.

Hollnagel, Hamburg

Wehrmachtssoldaten besteigen eine Draisine vom österreichischen Hersteller Austro-Daimler. Ein hoher Offizier hat bereits Platz genommen. Das in eine Fahrbahn versenkte Gleis deutet darauf hin, daß hier eine für Züge und Autos befahrbare Brücke beginnt.

Below, Stettin

Bei der Bespannung dieses Bahnmeisterwagens ist man zur Pferdebahn der Eisenbahnfrühzeit zurückgekehrt. Der mit der 38 3062 bespannte Güterzug auf dem Nachbargleis ist beschädigt.

Alltag an der Bahn

W. Steiner, Berlin: »Stellwerk im Osten«

Der Aufnahmewinkel läßt – absichtlich oder unabsichtlich – keine Entzifferung des Bahnhofsschildes zu. Stellwerk und Holztreppen sind vermutlich deutsche Bauwerke. Gleich rechts vom Stellwerk ist im Hintergrund ein Truppentransport erkennbar, dessen Fahrgäste gerade mit Sack und Pack dem Ausgang zustreben. Die Tender voraus fahrende Zuglok hat sich schon abgesetzt. Rechts kocht eine G 10 Dampf für die Fahrt mit einem anderen langen Truppentransportzug.

Hollnagel, Hamburg: »Im Osten«

Wartende Pferde, ein kleiner LKW am Gütergleis, und dazwischen die kräftig dampfende 91 1369, im Hintergrund ein preußischer Personenzug: Ein geradezu friedliches Bild, das ohne weiteres die »gute alte Zeit« repräsentieren könnte, wenn nicht die Frostschutzverkleidung der T 9^3 an den historischen Zusammenhang erinnern würde. Die Lok stammte aus Stuttgart und kam nach Deutschland zurück. Die Ausmusterung wurde 1953 von der DB verfügt.

W. Steiner, Berlin: »Bahnhof im Osten«

Auf preußische Abteilwagen und gedeckte Güterwagen weitverbreiteter deutscher Gattungen schien in Woroshba die Sonne eines Vorfrühlingstages. Wir kennen die Szenerie bereits von einer Aufnahme mit der 57^{10} im Bildmittelpunkt.

Eine Anzahl besonders ausdrucksstarker Aufnahmen aus der uns zur Verfügung stehenden Sammlung illustriert nicht zielgerichtet die besonderen Probleme und Lösungen des Bahnbetriebes im Ostkrieg, sondern gewährt Blicke auf den Alltag an der Bahn mit seinen Begegnungen von Menschen, Tieren und Maschinen, von Soldaten, Eisenbahnern und Anwohnern, von Zügen, Autos und Fuhrwerken. Diese Bilder beruhen auf einer Motivwahl mit ruhigem Auge und erinnern daran, daß es selbst in einer von politischen und militärischen Dramen und Katastrophen so dicht angefüllten Zeit wie der des Zweiten Weltkrieges an jedem Ort immer wieder auch die Windstille des fast »normalen« Lebens und Erlebens gab.

RAD-Kriegsberichter Tomaschek: »Kriegseinsatz des RAD im Osten – Männer einer Arbeitsdienstabteilung beim Verladen ihrer Fahrzeuge« Militärisch u. politisch freigegeben, Original befindet sich in der Bildsammlung des Presse- und Propagandaamtes beim Reichsarbeitsdienstführer, Berlin-Grunewald. Fachgebiet NSKK, Mit Schreiben vom 5.9.42 vom RAD zur Verfügung gestellt. Gegen die Veröffentlichung bestehen von Seiten des Reichsarbeitsdienstes keine Bedenken, Berlin, den 7.9.42

Nun gut, da keine Bedenken bestehen, sei die Veröffentlichung nun nach bald 60 Jahren nachgeholt. Das Schiebemobil trägt das Rote Kreuz an der Beifahrertür. Die Ausfallquote bei den Autos blieb den ganzen Krieg über extrem hoch, was allein schon durch die Typenvielfalt erklärbar ist: Die Listen der Wehrmacht führten 2000 unterschiedlich Typen von Kraftfahrzeugen, für die insgesamt eine Million verschiedene Ersatzteile vorgehalten werden mußten.

W. Steiner, Berlin: »Verladung auf einem Bahnhof im Osten«

Der LKW Nr. 23 fährt immerhin selbst auf den Flachwagen, mit dem er schneller vorwärts kommen wird, als es auf den schwierigen sowjetischen Straßen möglich ist.

Hollnagel, Hamburg: »Ladestraße nach dem Tauwetter«
Freigegeben durch OKW (Heer) und Presseabteilung der Reichsregierung am 28.5.43

Die Mühsal nicht nur des Kraftwagenverkehrs, sondern auch des Arbeitsalltages wird aus diesen Bildern deutlich. Die Stellwerksteile scheinen zur Verwendung im Osten frisch eingetroffen zu sein. Was der Inhalt der wenig stabilen Päckchen auf dem reichsbahneigenen Mercedes-LKW ist, läßt sich nicht erraten. Die Fenster des LKW sind bis auf kleine Sehschlitze von innen abgedeckt, möglicherweise, um die Insassen den Blicken von Angreifern zu entziehen. Die einheimischen Hilfskräfte tragen Armbinden zur Kennzeichnung ihrer Funktion.

Donath
Filmstelle des Reichsverkehrsministeriums. Darf nicht veröffentlicht werden ohne schriftliche Genehmigung des RVM.

Trostlos wirkt das Wühlen im Schrott oder Reservematerial bei Kälte und Nebel. Neben den vielen Signalflügeln sind rechts die Reste einer Draisine erkennbar.

Hollnagel, Hamburg

Kleine Idylle am Rande eines unbekannten Bahnhofs neben einem deutsch-russisch zusammengestellten Bauzug. Spielende Kinder haben sich einen Steg in die Tauwasserpfütze gebaut.

Hollnagel, Hamburg

Passantinnen an einem Bahnübergang am Rande eines mittelgroßen Bahnhofes, dessen Signaltechnik wohl schon vor 1914 von einer deutschen Firma ins Zarenreich geliefert worden war. Der Fotograf Hollnagel hat später im Dienste der Deutschen Bundesbahn viele ausdrucksstarke Aufnahmen aus dem Betrieb der BD Hamburg gefertigt.

Hollnagel, Hamburg

Erheblich weiter westlich, vermutlich sogar im Reichsgebiet, entstand die Aufnahme eines Bahnübergangs mit schwerer deutscher Schrankentechnik und geschottertem Reichsbahnoberbau. Die 38 3279, nach dem Stand der Ausrüstung der Normalfall einer P 8 der frühen Kriegszeit mit Verdunkelungsblenden, aber ohne Frostschutz, verblieb nach 1945 bei der DB und wurde 1962 ausgemustert. Der Triebwagen im Hintergrund entspricht keiner Reichsbahnbauart.

W. Steiner, Berlin: »Schrankenloser Wegübergang im Osten«

Soweit entzifferbar, war es die 52 070 vom Bw Schepetowka im Maschinenamtsbezirk Kowel, die hier an einem ungesicherten Bahnübergang rangierte und einem Zugpferd eine kleine Pause verschaffte. Die frühe Kriegslok war noch mit einem 50er-Tender bestückt, der Frostschutzplatten erhalten hatte. Wie dem auch sei: Jedenfalls ein melancholisches Stimmungsbild weit weg von aller aufgeregten Kriegsbildberichterstattung.

Hollnagel, Hamburg

Ein fotografisches Meisterwerk wiederum aus Hollnagels Kamera mit einer T 14 im Morgendunst. Das freie Ausfahrsignal gilt einem anderen überholenden Zug.

H. J. Bandelow, Berlin: »Verladung im Osten«

Pferdewagen mit typisch russischem Geschirr neben umgespurten Vierachsern. Wieder ist gut erkennbar das auf umgespurten Wagen übliche Kennzeichen »DR RU« für »Deutsche Reichsbahn Rußland« nebst dem Dreieck mit Punkt in der Mitte als Symbol für die Überschreitung des mitteleuropäischen Lichtraumprofils.

Korte, Berlin

Die Jungen dürfen mal auf die P 8! Der militärische Geist der Zeit hat auf sie übergriffen, wie man an der Grußform sieht. Schuhe besitzen sie nicht. Wie mag es ihnen weiter ergangen sein? Wie blicken sie, wenn sie noch leben, heute mit Anfang sechzig auf ihre Kindheit im Krieg zurück?

Fritz Korte, Berlin: »Abgebrannte Bahnmeisterei im Osten«

Und vor allem hieß der Alltag stets: Arbeit, Arbeit, Arbeit. Hier werden Bahndienstgebäude (bis zum nächsten Partisanenanschlag oder bis zur Sprengung beim Rückzug) wieder aufgemauert. 57 1080 mit vierachsigem Tender vom Bw Smolensk und 56 2736 vom Bw Dünaburg (beide nach dem Krieg BD Hannover) stehen im Hintergrund.

Schäden durch den Partisanenkrieg

L. Schuster, München: »Durch Laschensprengung entgleiste Lok im Osten«

Ein Partisanenanschlag in dem noch auf Breitspur betriebenen frontnahen Streckennetz hat die 1'C1'-Lok C.36 (S.36) und eine weitere sowjetische Lok seitlich vom Bahndamm gekippt. Das Gleis ist inzwischen um die Unfallstelle herumverlegt. Möglicherweise wird man die Loks liegen lassen und die Strecke alsbald umspuren. Noch herrscht aber Breitspurbetrieb, wie man an der hinten wartenden russischen O erkennt.

Fast überall in den ab 1939 annektierten oder besetzten Gebieten regte sich über kurz oder lang Widerstand gegen Unterdrückung, Ausplünderung und Deportation. Konnte sich die Opposition gegen die Besatzer und ihre einheimischen Verbündeten in dicht besiedelten Ländern wie der Tschechoslowakei oder Frankreich nur in streng konspirativen Formen betätigen, so begegneten die Deutschen ab April 1941 in Jugoslawien und alsbald auch in Griechenland einer neuen Form der Abwehr: dem Partisanenkrieg. Die Eroberung Jugoslawiens hatte sich in fast unwirklicher Leichtigkeit vollzogen. Ganze zwölf deutsche Soldaten hatte das Unternehmen gekostet. Schon nach wenigen Wochen später mußten Wehrmacht und Besatzungsbehörden aber feststellen, daß ihre Herrschaft auf einige dichter besiedelte Ebenen und ansonsten auf Städte und Verkehrswege beschränkt blieb. In den ausgedehnten Wäldern, Gebirgen und Karstgebieten regierten nationalistische und kommunistische Freischärlerverbände weithin unangefochten. Sie vereitelten die Abfuhr von Rohstoffen und Landwirtschaftsprodukten, verübten von ihren Einflußgebieten aus Anschläge auf Bahnstrecken und Straßen und fügten den Besatzern blutige Verluste zu. Jede Exkursion außerhalb der gut gesicherten festen Standorte wurde ohne zahlenstarke Schutzmannschaft mit schwerer Bewaffnung zum tödlichen Risiko, besonders nachts.

Die Besatzungsmacht reagierte mit aller Schärfe. Spezielle Kommandos von Wehrmacht, SS, Polizei und einheimischen Hilfstruppen »säuberten« partisanenverdächtige Gebiete. Die Erfolge hielten sich in Grenzen, weil die Partisanen sehr beweglich waren und aufgrund ihrer Landeskunde und der Unterstützung durch die Zivilbevölkerung bei Gefahr schnell untertauchen konnten. So konnte man zwar Dorf um Dorf niederbrennen und die darin zurückgebliebenen Frauen, Kinder und Greise erschießen, doch den Kern der Partisanenbewegung traf man nicht. Für eine dauerhafte flächendeckende Kontrolle des Landes fehlten die Leute.

Den Soldaten wurde entgegen aller Wahrheit eingehämmert, daß vor allem die Juden jeden Alters und Geschlechts pauschal für sämtliche Taten der Partisanen verantwortlich seien. Daher sei die Tötung von Juden in jedem Falle gerechtfertigte Abwehr und Sühne, für die irgendwelche strafrechtlichen oder auch nur disziplinarischen Konsequenzen nicht zu befürchten seien.

Dies war auch die ab Juni 1941 für den Rußlandfeldzug geltende Befehlslage. Die mörderische Indoktrination der Truppe führte dazu, daß die Wehrmacht vielerorts den Einsatzgruppen der SS bei der Ermordung der Juden behilflich war oder sogar zuvorkam. Dabei war die von der deutschen Führung von vorneherein erwartete Partisanenaktivität zunächst gering. Ein entsprechender Befehl Stalins vom 3. Juli 1941 fand anfangs nur ein schwaches Echo, nachdem das kommunistische Regime in der Ukraine unbeliebt und im Baltikum verhaßt gewesen war. Hinter den vordringenden deutschen Truppen zurückgebliebene sowjetische Einheiten und entkommene Gefangene bildeten dann die ersten Partisanenverbände. Am 25. Juli 1941 erwähnte der Wehrmachtsbericht erstmals Partisanen. Die brutale Politik gegenüber Zivilbevölkerung und Kriegsgefangenen brachte ihnen dann schnell Zulauf. Ihr Kerngebiet wurde und blieb Weißrußland mit seinen unwegsamen Wäldern und Sümpfen. Hier war die Situation sehr bald dieselbe wie sie oben für Jugoslawien beschrieben wurde.

»*... Das Partisanentum macht uns und dem Eisenbahnbetrieb schwer zu schaffen, so daß mit den schärfsten Mitteln vorgegangen werden muß. Bei Anschlägen werden kurzerhand aus der Bevölkerung eine Anzahl Leute, besonders Juden, herausgezogen und an Ort und Stelle erschossen, ihre Häuser in Brand gesteckt. ...*« (aus einem Feldpostbrief von Reichsbahn-Inspektor K.S.

von der HBD Minsk vom 8. Oktober 1941, zitiert nach Süddeutsche Zeitung vom 22./23. Februar 1997)

Die Kriegswende im Winter 1941/42 führte zu einer Formierung der zunächst in ihren Organisationsstrukturen zersplitterten und anfangs auch nicht durchwegs kommunistischen Freischärlergruppen im Sinne Moskaus. 1942/43 gelang es der Roten Armee dann immer perfekter, die Tätigkeit der geheimen Armeen hinter der Front zu koordinieren. Die deutschen Maßnahmen führten den Partisanen laufend Verstärkung zu. Wer der Zwangsarbeit im Reich oder der riskanter werdenden Kollaboration mit der Besatzungsmacht entkommen wollte, hatte kaum eine Alternative zur »Flucht in die Wälder«. Als die deutsche Führung ab 1943 jeden Strohhalm zur Festigung der Front im Osten ergriff und Freiwillige aus den »Ostvölkern« zwecks Fronteinsatz oder »Banden«bekämpfung bewaffnete, kam es vor, daß diese Einheiten bei der ersten Gelegenheit mit ihrer gesamten Ausrüstung zu den Partisanen überliefen.

Die Unterbrechung der Eisenbahnen war vorrangiges Ziel der Partisanen, konnten sie doch hierdurch die Versorgung der deutschen Front mit Truppen und Nachschub, die Abfuhr von Wirtschaftsgütern und die Rückführung von Truppen und Material bei der Aufgabe von Gebieten gleichermaßen effektiv behindern, ohne die offene Feldschlacht mit den besser bewaffneten deutschen Verbänden zu riskieren. Die Zahl der Partisanenanschläge auf Bahnanlagen im Bereich der GVD Osten blieb zwischen Januar und April 1942 bei weniger als 100 pro Monat, überschritt diese Zahl im Mai 1942, die Zahl 500 im August 1942, die Zahl 1000 im Mai 1943 und erreichte mit mehr als 1900 Anschlägen im August 1943 ihren Höhepunkt. Entsprechend liest sich die Statistik der Schäden: Die pro Monat zerstörte Schienenlänge im Bereich der GVD Osten stieg von April 1942 bis Juli 1943 allmählich auf 50 km und erreichte im August 1943 schlagartig mehr als 300 km. Vom Beginn der Zählung im Juli 1942 bis Ende 1943 betrug die Zahl der pro Monat zerstörten Schwellen fast durchwegs mehr als 10 000, in mehreren Monaten aber 20 000 bis 30 000. Die Zahl der pro Monat beschädigten oder zerstörten Wagen

W. Steiner, Berlin

Inferno auf einem Güterbahnhof. Die Explosion der Wagen links hat der Fotograf nicht zu befürchten, denn es handelt sich um Weinfaßwagen!

Below, Stettin

Die seitlich vom Gleis gekippten Lokomotiven waren in der Zeit des Partisanenkrieges ein typischer Anblick. Vielfach waren die Loks noch nicht durch den Anschlag selbst umgeworfen worden, sondern im Zuge der Aufräumungsarbeiten abgekippt worden. Oftmals dauerte es eine ganze Weile, bis die Fahrzeuge geborgen werden konnten. Natürlich führten auch die Belastung schlechter Gleise oder nur provisorisch fertiggestellter Abschnitte mit schweren Fahrzeugen, die Mißachtung von Langsamfahrstellen und ähnliche Alltäglichkeiten des Kriegsbetriebes zu Entgleisungen. Warum die 93 343 den offenbar neu angelegten Gleisbogen seitlich verlassen hat, ist nicht mehr feststellbar. Vor dem Krieg war sie beim Bw Bestwig beheimatet gewesen, nach dem Krieg wurde sie in der sowjetischen Zone erfaßt und von der Besatzungsmacht erneut in die Sowjetunion verbracht. Im Bestand der SZD tauchte sie jedoch nicht auf, wurde also vermutlich wie die Mehrzahl der Tenderloks einen Industriebetrieb als Werklok zur Verfügung gestellt.

H. J. Bandelow, Berlin: »Unfallstelle: Partisaneneinwirkung«

Auch 56 2248 ist nach einer Schienensprengung vom Bahndamm gefallen. Sie wurde aber geborgen und nach Westen rückgeführt, um nach dem Krieg noch beim Bw Alzey Dienst zu tun, nicht allzuweit entfernt vom Vorkriegs-Heimat-Bw Darmstadt-Kranichstein. 1954 wurde sie ausgemustert.

überschritt erstmals im Juli 1942 die 200 und stieg nahezu kontinuierlich auf 2250 im Juli 1943. Die Zahl der monatlich beschädigten oder zerstörten Lokomotiven kletterte im Juli 1942 auf mehr als 100, bewegte sich bis März 1943 zwischen 100 und 200, um dann bis zum August 1943 auf mehr als 650 anzusteigen. Im Jahre 1943 wurden insgesamt 5250 Loks durch Anschläge beschädigt, grob gerechnet also *jede* im Osten eingesetzte Lok einmal.

Im Zusammenhang mit bestimmten militärischen Operationen wie der (gescheiterten) deutschen Sommeroffensive 1943 gegen den »Kursker Frontbogen« gingen die Partisanen großer Gebiete gemäß zentraler Anweisung gezielt vor. So registrierte der General des Transportwesens für die Heeresgruppe Mitte in den Nächten von 2. bis 4. August 1943 genau 8422 Sprengstellen und 1478 unschädlich gemachte Minen. In der Nacht von 19. auf 20. Juni 1944 wurden im Bereich der RVD Minsk 10 500 Sprengstellen gezählt und 3500 Minen ausgebaut.

Die Deutschen wehrten sich mit allen Mitteln, letztendlich aber vergebens. Auch stark befestigte Bahnhöfe und Betriebsstellen waren gegen nächtliche Angriffe größerer Trupps mit schwerer Bewaffnung nicht wirksam zu schützen, tausende von Streckenkilometern waren nicht effektiv zu bewachen. Jeder Wachposten, jeder Streckenkontrolleur war selbst in höchstem Maße gefährdet. Im März und April 1943 sprengten die Partisanen drei wichtige Flußbrücken im Hinterland des Mittelabschnittes der Front, nachdem sie in einer Stärke von tausend Mann die jeweils fünfzigköpfigen deutschen Brückenwachen überwältigt hatten.

Zwar wurden immer mehr Hilfs- und Aufräumzüge mit immer schwererer Räumtechnik gebildet, doch wurden gerade sie bevorzugte Opfer von Anschlägen. Die Zahl und die Auswirkungen der Anschläge überforderten bald alle Reparatur- und Improvisationsmöglichkeiten der Bahnverwaltung und wirkten zurück auf den Bahnbetrieb im gesamten deutschen Machtbereich, in dem übrigens ab 1943 außer in Jugoslawien und Griechenland auch in Italien und Teilen Polens der Partisanenkrieg in voller Schärfe entbrannt war. Zu den Schäden durch Anschläge kamen auch im »Osten« immer mehr Zerstörungen durch Fliegerbomben. Die Betriebsabwicklung unter Verdunkelung, der Einsatz beschädigter Fahrzeuge, die Durchschleusung von Zugkolonnen »auf Sicht« und ähnliche Notmaßnahmen aufgrund des Partisanenkrieges führten zu vielen Folgeunfällen.

Die Arbeit auf der Lokomotive, im Bahnhof oder an der Strecke unter dauernder unsichtbarer Bedrohung kann man sich nur als Alptraum vorstellen. Nachts oder bei nebligem Wetter wurde jede Fahrt durch den Wald und jede Dienstschicht auf einem Stellwerk zum Himmelfahrtskommando. Der Partisanenkrieg forderte auf beiden Seiten zahllose Opfer.

Korte

Schadensaufnahme durch eine bewaffnete Gruppe »blauer« Eisenbahner an einer doppelseitigen Schienensprengung. Wenige Meter weiter ist die nächste Schienenlücke sichtbar! Reihensprengungen machten eine schnelle Reparatur der Gleise unmöglich. Die Gruppe ist bewaffnet, denn gerade die mit Kontrolle und Reparatur der Strecken betrauten Kräfte wurden häufig Opfer erneuter Anschläge.

Hollnagel, Hamburg

Hier ist schon ein Haufen Schienennägel abgekippt worden, doch zwei bis drei Schwellen fehlen auch noch, um das Gleis wieder befahrbar zu machen.

Fritz Korte, Berlin: »An einer Strecke im Osten«

Auf der Strecke Indra–Dünaburg wurden mit einem von der Wismarer Waggonfabrik an eine deutsche Privatbahn gelieferten Triebwagen die Folgen eines Anschlages besichtigt.

Below, Stettin

Hier hat eine Minenexplosion erhebliche Folgen gehabt. Der vorauslaufende Schutzwagen hat die 55^{16} nicht davor bewahrt, mit allen Achsen zu entgleisen. Um den Nutzen von Schutzwagen zu mindern, gingen die Partisanen zu Minen über, die erst kurz nach der ersten Berührung hochgingen. Noch punktgenauer konnte die Sprengung von Minen erfolgen, die mittels Schnur oder Draht aus sicherer Deckung heraus ausgelöst wurden.
Die 55^{25} hinten rechts ist zu Hilfe gekommen, während die Schwesterlok links warten muß, bis sie mit ihrem Personenzug das Gegengleis benutzen kann. Das Ausmaß der betrieblichen Behinderungen durch den Partisanenkrieg wird durch dieses Bild besonders deutlich.

Below, Stettin

Die Aufnahmen von der Bergung der 57 1020 vom Bw Molodetschno nordwestlich von Minsk mit dem »Aufräumzug 1« des Fekdo 2 sind so anschaulich, daß ihnen eine Doppelseite gewidmet sein soll. Solche schweren Dampfkräne waren Mangelware. Die abgebildeten Exemplare sind Beutestücke aus sowjetischem Bestand. Sie waren ursprünglich für eine Traglast von 18,5 t zugelassen gewesen. Die Besatzungsmacht hatte sie mit Haken und Flaschen der Ardeltwerke für 25 t Traglast ertüchtigt. Der Kran links trägt die Nummer Minsk 714 323. Nur vier weitere solche Kräne sind in deutschen Diensten nachgewiesen. Ein Kran dieser Bauart wurde nach dem Krieg noch von der DB (BD München, später Regensburg) verwendet. Die 57 1020 wurde schon in der ersten Phase der Angriffsvorbereitung im September 1940 von der Rbd Halle zur Rbd Königsberg versetzt, ist im Mai 1944 beim Bw Molodetschno nachgewiesen und wurde im Dezember 1953 von der Sowjetischen Staatsbahn ausgemustert. Während der Bergungsarbeiten hält ein Reichsbahner mit dem Feldtelefon die Verbindung mit den nächsten Betriebsstellen.

Hollnagel, Hamburg

52 6176, eine im September 1943 von der BMAG ausgelieferte Maschine, gehörte zum Bw Bobrinskaja, als im Bahnhofsgelände (!) unter ihr offenbar rechts und links eine Mine explodierte. Lokführerseitig wird nun geschaufelt, heizerseitig besichtigt. Als das Einsatzgebiet um die Jahreswende geräumt wurde, führten die kürzesten Fluchtwege nach Rumänien. Demgemäß wurde die Lok 1944 offiziell von der Reichsbahn an die CFR verliehen, nach dem Krieg jedoch in Ungarn aufgefunden und schließlich von der Sowjetunion in Anspruch genommen.

Korte, Berlin

52 6037 war am zweiten Jahrestag des Angriffs auf die Sowjetunion abgenommen worden. Sie gehört zu den Kriegsloks, bei denen anstelle der eingesparten Windleitbleche hölzerne Windleitvorrichtungen zweifelhafter Wirksamkeit angebaut wurden. Während ihrer Dienstleistung für das Bw Radviliskis in Litauen wurde sie Opfer eines Anschlages. Sie wurde 1945 in der amerikanischen Zone Deutschlands vorgefunden, aber noch im selben Jahr auf Weisung der Besatzungsmacht an die sowjetische Zone abgegeben und schließlich als Ty 2-634 in den Bestand der Polnischen Staatsbahn eingereiht. Vorne ist eine hydraulische Pumpe für das hochmoderne »Deutschland«-Hebegerät im Einsatz.

Below, Stettin

Ein typisches Minenopfer war auch diese 57er. Zum Abtransport hat man die vordere Rahmenpartie mitsamt Zylindern und erster Kuppelachse kurzerhand abgeschnitten. Die Wiederherstellung wird sehr aufwendig werden, vom weiten Transport bis in ein Ausbesserungswerk im Reich ganz abgesehen.

Gräber am Gleis

M. Ittenbach, Berlin: »Gräber in der Kesselschlacht von Charkow gefallener Soldaten am Bahndamm«

Nach dem Fall von Stalingrad drängte die Rote Armee die Deutschen aus allen im Sommer 1942 im Südabschnitt eroberten Gebieten wieder auf die Frontlinie des Frühjahrs 1942 zurück und eroberte hierbei 890 Lokomotiven und 22000 Wagen aller Spurweiten. Charkow wurde so stark bedrängt, daß die planmäßige Räumung am 14. Februar 1943 abgebrochen werden mußte. Am 15. Februar mußte die Stadt mitsamt 20 Lokomotiven und 1200 Wagen aufgegeben werden. Sie konnte am 15. März 1943 noch einmal zurückerobert werden. Die Gefallenen der Winterschlacht wurden damit nicht wieder lebendig. Nicht die beiden am Bahndamm beerdigten Soldaten und nicht die 850 000 deutschen Todesopfer an der Ostfront allein in den Monaten November 1942 bis März 1943. Und die Räder (hier der 57 3288, einst Bw Pasewalk, ausgemustert in der Sowjetunion 1953) rollen weiter – nicht für den Sieg.

W. Steiner, Berlin: »Soldatengräber am Bahndamm im Osten«

Soweit entzifferbar, lauten die Grabinschriften: »Karl Mager, Fp. 12578, g. ..., + 11. 8. 1941« und »Es fiel für Führer, Volk und Vaterland Uffz. Franz Mann ...«. Sie hatten Krieg und Kriegsverbrechen bestimmt nicht gewollt.

M. Ittenbach, Berlin: »Ehrenhain gefallener Soldaten und Eisenbahner bei Dnjepropetrowsk«

Der aus gleichgültigem Eisen bestehenden und ersetzbaren 38 2751 gelang der lange Weg von Kassel-Bahndreieck (bis 27. April 1943) über Dnjepropetrowsk und Orscha Ost (der Osteinsatz dauerte von 27. Mai 1943 bis 7. Januar 1944) in die französische Zone Nachkriegs-Deutschlands. Die jungen Männer hingegen mußten ihr eines unersetzbares Leben hingeben für nichts. »Ihr seid gestorben, damit Deutschland lebt«, rief Göring den Toten von Stalingrad nach. Wie aber sollte Deutschland leben, wenn seine Söhne in Rußland lagen?

H. J. Bandelow, Berlin: »Beisetzung von drei durch Minensprengung verungl. Lokf. in Gomel«
Veröffentlicht DR-Kalender 1943, Bl. 13

Wehrmacht und Reichsbahn sind zur letzten Ehrung angetreten. Neben den drei Särgen der Eisenbahner deckt die Reichskriegsflagge den Sarg eines Soldaten.

Reisen hinter der Ostfront

Schuster, München: »Einheimische auf den Eisenbahnen«

Ein rumänischer Personenwagen, ein deutscher Vierachser für Schienentransport – und dutzende von Menschen aus dem Universum von Verschleppung und Flucht. Die bewaffneten Männer sind keine Wehrmachtssoldaten, so daß es sich wiederum um verbündete und nun auf der Flucht befindliche südsowjetische Bundesgenossen handeln könnte.

17400 kg
401
Köln

Die Kriegs- und Nachkriegszeit ließ jede Form des Reisens vom Vergnügen zur bloßen Notwendigkeit und den Güterwagen in vielen Teilen Europas zum Hauptbeförderungsmittel für Menschen werden, die in den Krieg ziehen oder vor ihm fliehen mußten, verschleppt oder vertrieben wurden oder für ein paar Kilo Lebensmittel endlose Fahrten unternahmen – und oft genug hungrig und mit leeren Händen zurückkamen oder die zur Erfüllung irgendeines dringenden privaten Reisezweckes auf einem Güterzug mitfahren durften.

Auf eine Gruppe der zwangsweise Fernreisenden im Güterwagen muß näher eingegangen werden: 1941 begannen die deutschen Behörden in den bislang besetzten Ländern mit der Anwerbung von Arbeitern für Landwirtschaft und Industrie. Als man 1942 erkannte, daß für den nun in weite Ferne gerückten Sieg eine sprunghafte Steigerung der Produktion von Panzern, Flugzeugen und Lokomotiven erforderlich sein würde, warf man anfängliche Bedenken gegen »bolschewistisch verseuchte minderwertige Slawen« über Bord und propagierte zunächst in der Ukraine und später im ganzen besetzten Sowjetgebiet den Arbeitseinsatz in Deutschland.

Als sich dort jedoch herumsprach, wie schlecht die »Ostarbeiter« an den Bestimmungsorten behandelt wurden, versiegten die freiwilligen Meldungen. So wurde die auch nur noch formale Freiwilligkeit der Fahrt ins Reich durch die immer gewaltsamere Deportation ersetzt. Die Häscher waren ab 1943 nicht mehr wählerisch: Das Mindestalter für die lange Reise im Güterwagen zur Zwangsarbeit sank auf 10 Jahre!

Während die Zwangsarbeiterinnen und Zwangsarbeiter unter den Bedingungen von Hunger und Rechtlosigkeit in Deutschland Felder bestellten, Kohle förderten, Bombenschäden beseitigten, Granaten drehten und Kriegsloks bauten – und zu zehntausenden starben –, rangen unterschiedliche Fraktionen von Funktionären und Ideologen um die Formulierung der gültigen Ostarbeiterpolitik des Nazireiches. Während nämlich die Chefetagen der Konzerne, Görings »Wirtschaftsstab Ost« und der »Generalbevollmächtige für den Arbeitseinsatz«, Gauleiter Sauckel, einfach mit einem Heer beliebig verschleißbarer Sklaven ohne Ansprüche aus Lohn und Arbeitsschutz zufrieden waren, wollten Himmler und sein Reichssicherheitshauptamt das Konzept der »Vernichtung durch Arbeit« pflegen. Wieder anders der mit Befugnissen spärlich ausgestattete »Reichsminister für die besetzten Ostgebiete« Alfred Rosenberg, der jedenfalls die Ukrainer, die Balten und die nichtslawischen Kaukasusvölker als Bundesgenossen gegen den Bolschewismus gewinnen wollte. Und die »Rassenkundler« schließlich fahndeten unter Kindern und Jugendlichen nach »eindeutschungsfähigen Elementen«. So konnte der Ostarbeiter als Sklave verprügelt, als Facharbeiter belobigt, als frisch entdeckter »Europäer« mit einer veralteten Beutewaffe an der Front verheizt werden oder als »renitenter Bolschewist« im KZ sterben: Jedes dieser Schicksale entsprach einer dezidiert nationalsozialistischen Konzeption!

Für Arbeit und Leben der Ostarbeiter galten folgende Vorgaben: Sie standen in der Rangordnung der Fremdarbeiter an unterster Stelle. Sie mußten das Kennzeichen »OST« auf der Kleidung tragen, wurden am schlechtesten ernährt und untergebracht, hatten die geringste Bewegungsfreiheit und waren bei disziplinarischen Verstößen, mangelbedingten kleinen Straftaten, unerlaubten sexuellen Beziehungen oder gar bei Verweigerung und Widerstand am schnellsten mit KZ, Folter und Tod bedroht. In der Praxis konnte sich ihre Situation jedoch recht unterschiedlich gestalten: Allgemein wurden die auf Bauernhöfen eingesetzten Kräfte besser behandelt als die Zwangsarbeiter der Industrie. Auch dort war es jedoch möglich, daß insbesondere deutsche Arbeiter mit sozialdemokratischer, kommunistischer oder gewerkschaftlicher Vergangenheit ihren Kollegen ein wenig Schutz und Hil-

H. J. Bandelow, Berlin

Fast jede(r) gönnt dem Fotografen ein Lächeln, doch was wird die Zukunft den Passagieren des betagten, nicht mit einer Bremse ausgerüsteten »Stettin 21231« bringen?

fe angedeihen ließen. Vielerorts in Stadt und Land wurden die Fragen der Behandlung von Zwangsarbeitern zu Kristallisationskernen des Widerstandes gegen das Regime. Mindestens Zweifel an den ideologischen Vorgaben mußte die Begegnung mit den Frauen und Männern aus dem Osten auslösen: Wenn da nun fleißige und ehrliche Mädchen auf den Bauernhöfen mitarbeiteten, den Kindern der Bäuerin ihre Lieder vorsangen und am Sonntag mit in die Kirche gingen, wenn da technisch versierte Arbeiter mit kräftigen Fäusten in der Fabrik oder im Bergwerk mitanpackten, konnte von den antibolschewistischen und antislawischen Zerrbildern wenig übrigbleiben.

Die Zahl der sowjetischen Zwangsarbeiter im Reich ist unbekannt. Mitte 1944 bildeten sie mit etwas mehr als 2 Millionen (baltische Staaten und Bezirk Bialystok als Herkunftsgebiete nicht mitgerechnet) oder gut 36 Prozent aller Zwangsarbeiter die größte Gruppe von Fremdarbeitern. Wenn man die ständige Fluktuation durch Zwangsrekrutierung einerseits und Tod andererseits bereits seit 1942 berücksichtigt, muß man eine Gesamtzahl von 5 bis 7 Millionen annehmen.

H. J. Bandelow, Berlin: »Arbeitskräfte aus den besetzten Ostgebieten auf der Fahrt ins Reich« Gesperrt OKW (Heer) 16. Sept. 1943

Ein französischer Wagen (»Hommes 40, 40 Mann) bringt diese jungen Männer nach Westen. Grund für den Sperrvermerk könnte allenfalls die freudlose Miene der Reisenden selbst beim Fototermin sein.

1945 öffnete sich für die Überlebenden nicht das Tor zu Freiheit und Recht: Wegen des Vorwurfes der »Kollaboration mit den Faschisten« wurden sie nach der Rückkehr in die Sowjetunion verdächtigt, diskriminiert oder sogar bestraft. Viele von ihnen mußten über kurz oder lang erneut schwer bewachte Güterwagen besteigen und reihten sich ein in das graue Heer der mindestens 21 Millionen Sowjetbürger, die zwischen 1929 und 1953 von ihrer eigenen Regierung als echte oder vermeintliche politische Gegner, als Angehörige von Minderheiten, als »unzuverlässige Elemente« oder letztlich auch ohne jeden nachvollziehbaren Grund in die Lager, Bergwerke und Baustellen zwischen Eismeer, Ostsibirien und kasachischer Steppe verschleppt wurden, in gut der Hälfte der Fälle ohne Wiederkehr.

Die Nazizeit ist vorbei, die Baracken von einst sind abgebrochen, hier und da erinnert ein kleines Mahnmal an die Zeit der Sklaverei mitten in Europa mitten im 20. Jahrhundert. Was bleibt, ist die finanzielle Konsequenz der damaligen Diskriminierung: Die Zwangsarbeit von einst führt auch nach dem deutschen Recht des Jahres 1998 weder zu einem Lohn- noch zu einem Rentenanspruch.

Hollnagel, Hamburg

Düster wirkt diese Verladeszene auf einem sowjetischen Bahnhof. Alsbald wird die Wachmannschaft den Abteilwagen besteigen, die Zwangsarbeiter werden sich in die Güterwagen drängen. Nicht jeder von ihnen wird die Heimat je wiedersehen. Bei dem Eisenbahner auf dem Trittbrett ist gut die Armbinde mit der Aufschrift »RVD Dnjepropetrowsk« zu erkennen. Die Wagen stammen zum Teil aus Frankreich, zum Teil aus Polen (»Deutsche Reichsbahn P«).

M. Ittenbach, Berlin
Freigegeben durch OKW (Heer) und Presseabteilung der Reichsregierung am 22.4.43

Die jungen Frauen lachen noch. Anfangs verbanden Arbeiterinnen und Arbeiter aus den besetzten Gebieten mit dem Einsatz im Reich oft große Hoffnungen, die dann freilich bitter enttäuscht wurden.

Hollnagel, Hamburg: »Ukrainer-Transport im Osten«

Gedeckte Güterwagen unter anderem der DR und der SNCF sind für den militärisch bewachten Transport aus der Ukraine nach Deutschland eingesetzt. Reichsbahn, Wehrmacht und einheimische Wachorgane arbeiten Hand in Hand. Innerhalb der Sowjetunion mußte die Ukraine den größten Anteil an Zwangsarbeitern stellen. Nach der Sowjetunion war Polen das Land, aus dem die meisten Arbeitskräfte deportiert wurden. Auch hiervon war ein großer Teil ukrainischer Nationalität.

M. Ittenbach, Berlin

Hier besteigen Zivilisten und einheimische Sicherheitsorgane im Dienste der Besatzungsmacht einen preußischen Personenzug. Der Wagen ganz links hat ein polnisches Emailschild zur Klassenbezeichnung, der nächste trägt in Wagenmitte oben die verwaschene Inschrift »Ostbahn«. Vermutlich entstand die Aufnahme im Generalgouvernement, wo für die beruflich oder familiär bedingten Reisen der Bevölkerung mehr Personenzüge angeboten wurden als im sowjetischen Gebiet.

Fritz Korte, Berlin: »Personenzug in einem Bahnhof im Osten«

Schwer bepackt und gewiß nicht zu einer Vergnügungsreise besteigt man den Wagen mit der Kreideaufschrift »Nur für Zivilisten«. Immerhin ist er gut geheizt, wie der aus der Heizkupplung strömende Dampf beweist.

H. J. Bandelow, Berlin: »Einheimische auf einem Bahnhof im Osten«

Diese Reisenden sind vermutlich mit den für den Zivilverkehr freigegebenen Abteilwagen an dem Güterzug hinten links angekommen. Daß die Personenzüge am Bahnsteig hielten, konnte man nicht verlangen. Warum freilich die Dame mit Pelzjacke und Kochtopf oder die Herren mit den Koffern im Krieg auf Reisen gegangen waren, werden wir nicht mehr erfahren.

H. J. Bandelow, Berlin: »Arbeitsfreiwillige vor ihrer Abreise ins Reich, im Vordergrund italienischer Bahnhofsoffizier.«

Hier sind es wieder unübersehbar bewachte »freiwillige« Reisende ins Reich, die am selben Bahnhof auf den Abtransport warten. Bemerkenswert ist die altrussische Holzarchitektur des Empfangsgebäudes. In diesem Bahnhof residieren die italienischen Bundesgenossen. 1941 hatte ja ein Truppenkontingent des faschistischen Italien am deutschen Angriff teilgenommen. Der italienische Bahnhofsoffizier kann noch nicht ahnen, daß er nach dem Bruch der »Achse Rom-Berlin« im September 1943 ebenfalls ein Kandidat für Zwangsarbeit oder KZ sein wird.

Hollnagel, Hamburg: »Flüchtlinge aus dem Kaukasus«

Die mehrheitlich antisowjetisch eingestellten nichtslawischen Kaukasusvölker begrüßten die Wehrmacht im Sommer 1942 mit großer Sympathie und beteiligten sich mit Reiterverbänden am Krieg gegen die Rote Armee. Als die Gebiete zwischen Wolga, Asowschem Meer und Kaukasus bereits in den ersten Monaten des Jahres 1943 geräumt werden mußten, blieb den auf deutscher Seite Engagierten keine andere Wahl als die Flucht nach Westen. Der mit Kreide angeschriebene Ort Kertsch auf der Ostspitze der Krim kann nicht Ziel, sondern muß Ausgangsort des hier abgebildeten Transports sein, denn östlich der von den Flüchtlingen offenbar soeben überquerten Meerenge von Kertsch gab es unter deutscher Regie nur Breitspurbetrieb. Der Wagen ist aber umgespurt. Die Frau links ist barfuß, der Mann trägt eine Reithose.
Entsprechend dem Kriegsverlauf konnte die Flucht der Kalmücken, Inguscheten, Tataren, Kosaken u.s.w. erst enden, als der sowjetische Machtbereich im Sommer 1945 seine größte Ausdehnung erreicht hatte. Zusammen mit befreiten Kriegsgefangenen und Zwangsarbeitern sowie mit Überlebenden der Judenverfolgung bildeten die entwurzelten Kaukasier dann das Riesenheer der achteinhalb Millionen »Displaced Persons« in den deutschen Westzonen.

Schuster, München: »Einheimische auf den Eisenbahnen«

1942 oder 1943 war diese Art des Reisens neben oder unter (!) einem Bremserhaus noch eine Kuriosität exotischer Kriegsgebiete. 1945 mußten dann auch die Deutschen bei der Flucht aus den östlichen Reichsteilen, bei der Heimkehr aus der Gefangenschaft oder bei der Hamsterfahrt um ein paar Lebensmittel über jeden Platz auf einem Güterwagen froh sein. Und wieder eine ganz besonders ausdrucksstarke Fotografie!

Below, Stettin

Die Frauen, Kinder und unbewaffneten Soldaten scheinen mit Sack und Pack auf der Flucht zu sein. Nicht nur auf dem umgespurten Güterwagen, sondern sogar auf der 57 2254 vom Bw Molodetschno haben »Reisende« mit Gepäck Platz gefunden. Der Strom derjenigen, die eine Wiederbegegnung mit der Sowjetmacht nicht riskieren durften, wuchs im Laufe des deutschen Rückzugs immer mehr an. Die 57 2254 jedenfalls, weiland RBD Münster, schaffte den Rückweg ins Reich, doch holte die sowjetische Besatzungsmacht sie 1946 aus dem Bw Berlin-Schöneweide erneut nach Osten ab, diemal ohne Wiederkehr.

Hollnagel, Hamburg

Hier dient der Kohlenzug (mit einem belgischen Wagen!) bei heißem Wetter einer unbequemen Einkaufs-, Hamster- und Schwarzmarktfahrt.

Below, Stettin

Außer Säcken und Kisten soll hier sogar ein Kleiderständer aus edlem Holz mitgenommen werden. Noch heißt es aber warten, denn der Zug mit dem (grünen) belgischen G-Wagen scheint schon besetzt zu sein, wie der Blick auf ein Frauenbein im Wageninneren zeigt.

C. Breuer-Courth: »Verabschiedung von Berufskameraden zum Osteinsatz in Stuttgart Hbf«

Die »Blauen Eisenbahner« fuhren nicht mit dem Güterwagen, sondern in preußischen Schnellzugwagen hinter einer 39er in die Sowjetunion. Doch ihr Schicksal war genauso ungewiß wie das der zuvor gezeigten Gruppen von Reisenden, und so mancher von ihnen wird in zwei, drei oder mehr Jahren froh sein, wenn er überhaupt wieder in die zerbombte Heimatstadt zurückkehren kann, und sei es auch nur mit einem zugigen Güterwagen …

Ein verbotenes Bild

M. Ittenbach, Berlin:
»Züge im Bf. Brest-Litowsk«
Veröffentlichung nicht gestattet

Eigentlich ein wunderbares stimmungsvolles Foto unter bewegtem Himmel. Es wirkt friedlich und beweist den lebhaften Austausch von Wirtschaftsgütern zwischen der Heimat und dem besetzten Gebiet …

… wenn da nicht dieser »Kassel 4904« mit dem Stacheldraht über der Lüftungsöffnung wäre.

Der Wagen erinnert an das schlimmste Kapitel der Zwangstransporte im Güterwagen. Ganz kurz zur Vorgeschichte: Mit dem »Anschluß« Österreichs und des Sudetenlandes 1938 erreichte die deutsche Judenverfolgung eine neue Intensität. Unter Ausnutzung bodenständiger antisemitischer Stimmungen betrieben die Behörden dort brutaler, schneller und mit weniger Tarnung als im »Altreich« die Demütigung, vor allem aber die Enteignung und Vertreibung der Juden. Nach der »Kristallnacht« vom 9. November 1938 wurde dieses Vorgehen für das ganze Reich vereinheitlicht, weiter systematisiert und unter zentrale Kontrolle gestellt. Vom Einmarsch im März 1939 an galt den Juden in den zentralen Teilen Böhmens und Mährens, dem nunmehrigen »Protektorat«, eine administrative Verfolgung von bereits großer Schärfe.

Ab Kriegsbeginn ging man in Polen dazu über, Juden in größerer Zahl zu erschießen. Zentrale Anweisungen dafür sind nicht nachgewiesen, doch konnten sich örtliche SS- und Polizeiorgane der Zustimmung »von oben« und der völligen Straflosigkeit sicher sein. Ab April 1941 in Jugoslawien und ab Juni 1941 in der Sowjetunion betrieben SS und Einsatzgruppen die Massenerschießung von Juden planmäßig und auf höchsten Befehl.

Im Reich und in den anderen besetzten Gebieten hatte die Bürokratie bis 1941 endlich die »Judenfrage« geschaffen, von der spätestens seit dem Ersten

BREST-LITOWSK
Deutsche
Reichsbahn Pl
München
93 579

Weltkrieg phantasiert wurde. Nach Jahrhunderten der Integration der Juden in die Gesellschaft hatte man sie binnen kurzer Zeit zu einer isolierten, rechtlosen, von legalem Lebensunterhalt weitgehend ausgeschlossenen Minderheit gemacht, die vielerorts unter unbeschreiblichen Bedingungen in »Ghettos« vegetieren mußte. Ab September 1941 war im »Altreich« das Tragen des »Judensterns« vorgeschrieben.

Regionale Obrigkeiten hatten bereits begonnen, sich der Juden durch Abtransport in Richtung Osten zu entledigen. Besonders kam das »Generalgouvernement« als Zielgebiet in Betracht, das ja als Kolonie mit Einwohnern niedrigeren Ranges und Wertes unter einer dünnen deutschen Oberschicht konzipiert war. Doch waren die um Ruhe und Ordnung besorgten Autoritäten des Generalgouvernements mit dem unkontrollierten Zustrom mittelloser Juden aus Deutschland und Westeuropa auch nicht zufrieden. Ab Sommer 1941 bot es sich an, die in Polen ansässigen oder dorthin verfrachteten Juden in die frisch besetzten Gebiete der Sowjetunion zu bringen, wo die Einsatzgruppen beispielsweise in den Ghettos von Minsk oder Riga inzwischen schon reichlich »Platz geschaffen« hatten. Besonders im Baltikum, aber auch in der Ukraine, waren genügend einheimische Freiwillige zur Stelle, denen die deutschen Organe den Massenmord an den neu eintreffenden Juden nicht befehlen, sondern nur erlauben mußten.

Vom Herbst 1941 an rollten also Judentransporte quer durch das deutsch besetzte Europa. Von Frankreich, aus dem »Protektorat« und aus dem »Warthegau« ins Generalgouvernement, aus dem »Altreich« und aus dem Generalgouvernement nach Litauen oder Lettland, aus der »Ostmark« und aus Belgien in die Ukraine, von Rumänien nach »Transnistrien«... Mit Stacheldraht gesicherte gedeckte Güterwagen aller Bahnverwaltungen dienten als Transportmittel. Wasser und Nahrung wurden während der tagelangen Transporte in der Regel nicht ausgegeben, die Überfüllung der Wagen sowie Hitze und Winterkälte von außen taten ein übriges, so daß oftmals an den Bestimmungsorten viele Leichen aus den Wagen geholt werden mußten.

Schon bald waren die Nazis mit der kaum kontrollierbaren Dezimierung der Juden durch Hunger, Kälte und Seuchen in den Ghettos sowie mit Ablauf und Ergebnissen der Erschießungsaktionen nicht mehr zufrieden. All das erschien der herrschenden Koalition aus mordbesessenen Ideologen und seelenlosen Bürokraten als zu aufwendig, zu langsam und nicht zuletzt wegen zu vieler Augenzeugen als gefährlich für »Ruhe und Ordnung«. Nach technischen Vorversuchen zur Frage der »effektivsten« Mordmethode entwickelte das Reichssicherheitshauptamt das System der Vernichtungslager mit den Gaskammern im besetzten Polen. Hier sollten die Güterzugtransporte der Juden fortan ihre Endstation finden.

Die Judendeportationszüge aus allen alten und neuen Teilen des Reiches und dem »Protektorat«, aus der Slowakei, aus Frankreich, Belgien, den Niederlanden, Luxemburg, Kroatien, Serbien, Griechenland, Rumänien und später auch aus Italien und Ungarn erhielten nun hohe Priorität in der Rangordnung der Bahntransporte. Ganz gleich, ob wichtige Truppentransporte an die Front anstanden oder ob die Sirenen Fliegeralarm über die Bahnhöfe verkündeten, ob Züge mit Verwundeten auf die Abstellgleise gestellt werden mußten oder ob weiträumige Umleitungen gefahren werden mußten: Die Judentransporte mußten durch, um die gleichmäßige Auslastung der Kapazitäten der Gaskammern und Krematorien in Auschwitz-Birkenau, Belzec, Sobibor, Treblinka und Maidanek zu garantieren. 1942, 1943, 1944, drei volle Jahre lang mußten die Räder Tag und Nacht rollen für den Mord. »Ihr habt Euren Krieg verloren, ich will meinen noch gewinnen«, erwiderte der für die Transportkoordination zuständige Obersturmbannführer Adolf Eichmann Beschwerdeführern aus der Wehrmacht.

Beschwerden gab es auch von der Reichsbahn. Über blutige und verkotete Wagen, über Leichen an der Strecke, über Geschrei und Schießereien in den Bahnhöfen, über die Belästigung durch Mütter, die ihre sterbenden Säuglinge hochhielten und um Wasser bettelten. Einzelne Beamte der Reichsbahn mußten zu mehr Eifer und Gehorsam im Judentransportwesen angehalten werden. Von oben war aber perfekte Mitwirkung verordnet: Reichsverkehrsministerium und Dienststellen der Deutschen Reichsbahn erbrachten ihren – entscheidend wichtigen – Beitrag zur Ermordung von Millionen Juden zur vollsten Zufriedenheit der Auftraggeber. Schließlich bezahlte die SS die Transporte ja auch, wobei der Tarif für die ausnahmslos einfache Fahrt per Sammeltransport im Güterwagen auch günstig bemessen wurde. Apropos bezahlen: Adolf Eichmann ist als zentraler Koordinator der »Endlösung«, als der nach Hitler und Himmler dritte Mann in diesem Projekt in die Geschichte eingegangen. Seine »Arbeit« sollte nicht umsonst sein: Für Eichmanns Pflichtbeiträge des Jahres 1942 zahlte die deutsche Rentenversicherung bis in die achtziger Jahre Renten an seine Witwe und Waisen[1].

Der »Volksgenosse« hörte zwar von seinem Führer im Rundfunk so manches Gebrüll über »die Ausrottung der jüdischen Rasse in Europa«, er sah verängstigte Menschen mit dem Judenstern und merkte, daß deren immer weniger wurden. Aber das Bild eines Güterwagens mit Stacheldraht an der Lüftungsöffnung sollte nun doch nicht gerade im »Völkischen Beobachter« oder in der »Berliner Illustrierten« erscheinen. So genau wollte und sollte man auch wieder nicht wissen, für welches Projekt man den verlorenen Krieg noch fortzusetzen hatte. Zum feigen Mord kam auch noch die erbärmlichste Heuchelei.

Ein Kapitel mit nur einem Foto. Aber was in diesem Kapitel anzureißen war, ist wichtiger als alle Fragen nach der letzten Altreichsbeheimatung einer P 8 oder nach dem Verbleib einer 52.

---

[1] Akte der Landesversicherungsanstalt Oberbayern, Aktenzeichen 8655457 (altes System)

Transport von Wirtschafts-gütern

M. Ittenbach, Berlin
Veröffentlicht DR-Kalender 1943, Blatt 47

Eine Begegnung zweier Epochen der Verkehrstechnik an einem unbekannten Bahnhof.

Hollnagel, Hamburg: »Umschlag von der Eisenbahn zur Seilbahn im Osten (Saporoshje)«

Eine Lastenseilbahn ersetzte die gesprengte südlichste Dnjepr-Brücke. Der Wagen gehört der Slowakischen Staatsbahn.

Schon 1918 war der Vormarsch in die Ukraine mit der Hoffnung verbunden gewesen, die »Kornkammer« Osteuropas werde das darbende Deutschland vom Hunger erlösen und seine Truppen auf den anderen Kriegsschauplätzen ernähren. Doch blieb das, was unter Kriegsbedingungen aus dem Lande zu holen war, weit hinter den Erwartungen zurück.

Mit maßlos gesteigerten Begehrlichkeiten fieberten politische Führung und Kriegswirtschaftsbürokratie 1941 dem Angriff im Osten entgegen. Die vertragsgemäßen Lieferungen der Sowjetunion an das Deutsche Reich hatten sich von 1939 bis 1941 auf ein Volumen gesteigert, das an der Spitze all der Zahlen lag, die die Wirtschaftsgeschichte über den Warenaustausch zwischen zwei Ländern je erfaßt hatte. Allein 1940 erhielt Deutschland:

1,5 Mio t	Getreide
900 000 t	Ölderivate
100 000 t	Baumwolle
500 000 t	Phosphate
1 Mio t	Sojabohnen

Wie viel mehr, so dachte man in aller Naivität, würde man dem Riesenreich nach seiner Niederwerfung entziehen können?

Die Realität sah wie schon 1918 bescheidener aus. Die Lieferung von Öl entfiel zunächst gänzlich, bis man nämlich die südukrainischen Ölfelder erreicht hatte. Die Bohrtürme des Kaukausus blieben stets außerhalb des deutschen Zugriffs. Die Ernteerträge gingen erst einmal kräftig zurück, da die hierauf spekulierende Besatzungsmacht dem Lande mit Arbeitskräften, Traktoren nebst Kraftstoff sowie Pferden und Saatgut so ziemlich alles entzog, was für eine effektive Landwirtschaft nötig gewesen wäre. Der Partisanenkrieg tat ein übriges zur Reduzierung der Erträge und zur Verhinderung ihrer Ablieferung nach Deutschland.

Trotz alledem: Die Ausplünderungszüge rollten unaufhörlich, so daß der Eisenbahnbetrieb in der besetzten Sowjetunion neben allen anderen bereits vorgestellten Transportarten auch durch einen schweren Güterzugverkehr über sehr weite Strecken gekennzeichnet war. Daß die Eisenbahn das einzige Verkehrsmittel zur Beförderung größerer Warenmengen aus dem Landesinneren war, muß kaum erwähnt werden.

Vom 1. Oktober 1941 bis Ende 1943 wurden nach deutschen Angaben aus der Sowjetunion die in der Tabelle unten angegebenen Mengen (jeweils in Tonnen) abgefahren. Das waren etwa eine halbe Million Güterwagenladungen!

Dazu kamen große Mengen von Gütern aller Art, die in der Phase des geordneten Rückzuges aus der Ukraine 1943 abtransportiert wurden. Die »Berliner Börsenzeitung« berichtete am 21. Dezember 1943, daß aus dem zur Räumung anstehenden Gebiet von Kasatin täglich 80 Evakuierungszüge eingesetzt seien und daß von hier 400 000 Stück Vieh abtransportiert worden seien.

Selbstverständlich rollten Güterströme auch in der anderen Richtung: Der besetzte »Osten« war ein Faß ohne Boden für militärischen Nachschub und Baustoffe aller Art. Insbesondere bei der Kohle war die deutsche Transportbilanz zwischen Heimat und »Osten« negativ: Allein von 1. Mai bis 31. Dezember 1942 wurden 1 049 650 t Kohle ins besetzte Gebiet geschickt und nur 1865 t von dort bezogen. Zu vier Fünfteln wurde die Kohle für die Lokomotiven benötigt. Die Donezkohle war für die Feuerung der deutschen Loks ungeeignet, die in der Sowjetunion übliche Beifügung von Öl scheiterte an der Knappheit dieses Rohstoffs.

1.10.1941–31.12.1942	1.1.–31.12.1943	
668 190	?	Vieh
1 144 081	872 100	Getreide und sonstige landwirtschaftliche Produkte
247 279	347 900	Ölfrüchte
500 498	645 000	Manganerz
375 153	960 500	Eisenerz
644 943	552 300	Schrott
63 997	?	Mineralöl
316 515	?	Nutzholz
?	816 600	Verschiedenes

W. Steiner, Berlin: »Verladung vor einem zerstörten Güterschuppen im Osten«

Hier wird die Zufuhr zum Bahnhof bzw. die Abholung des eingetroffenen Nachschubs schon mit dem LKW durchgeführt. Ein holzgasbetriebener Büssing-4,5-Tonner des Heeres ist an einen der Güterwagen herangefahren. Einheimische Frauen und Männer räumen Schnee.

Below, Stettin: »Auf einem Bahnhof im Osten«

Ebenfalls eine Nummer des deutschen Heeres trägt dieser sowjetische »GAS«.

Kesselwagenzüge von Rumänien ins Reich

Öl war der für die deutsche Kriegführung wichtigste Rohstoff. Hauptsächlich wegen seines Öls wurde Rumänien als Bündnispartner zuvorkommend behandelt und 1941 auch an der territorialen Beute in der Sowjetunion komfortabel beteiligt. Der abgebildete rumänische Ölzug ist mit einer 140 (1'D, Nachbau der öst. 270) und einer ex-ungarischen 324 (1'C1') bespannt. Der Wagen, den der Posten gerade abschreitet, gehört dem »Ölverein 11 Hannover«.

W. Steiner, Berlin: »Kesselwagen-Militärzug auf der Fahrt zur Front« Freigegeben durch OKW (Heer) und Presseabteilung der Reichsregierung am 28.5.43

Rohöl nach Westen, Panzer- und Flugzeugtreibstoff nach Osten an die Front: Die umgespurten sowjetischen Kesselwagen waren stets voll im Einsatz. Obwohl der Zug vorne keinen Personenwagen mitführt, streben von der Zugspitze außer der hungrigen und durstigen Wachmannschaft eine ganze Anzahl von Reisenden zum Empfangsgebäude. »Durstig« ist auch die Lok. Der links vom Gleis stehende Wasserkran füllt den Tender durch die rechte Einfüllöffnung.

Steiner, Berlin

Eine P 8 rangiert mit Güterwagen u.a. aus Deutschland und Italien, ein Lanz-Bulldog transportiert Kartoffeln (?), die zerstörte Fabrik im Hintergrund liegt still – insgesamt ein melancholisches Bild.

Hollnagel, Hamburg: »Kohlenverladung im Osten«

Für Industrie und Verkehr wie auch für Wärme und Licht in den Wohnungen war Kohle der Schlüsselrohstoff. Lokomotivkohle mußte zunächst über riesige Entfernungen aus Deutschland in die besetzten Gebiete gebracht werden, damit die Lokomotiven fahren konnten. Nach der Eroberung des Donezbeckens wurde Kohle von dort nach Westen transportiert. Das Bild zeigt die Umladung von Kohle auf einem östlichen Bahnhof von O-Wagen in Beute-LKW, die nach Ford-Lizenz gebaut waren (»Russki-Ford«). Rechts ist ein Gleis mit der Oberleitung einer Industriebahn ausgerüstet.

W. Steiner, Berlin: »Nachschubzüge im Osten«

Mit äußerster Kraftentfaltung bringt eine 58^{23} (polnische Ty 23) ihren schweren Kohlenzug in Fahrt. Die Wagenmischung konnte mit dem soliden Beute-Vierachser und dem seine Ladung gerade noch zusammenhaltenden »Halle« (Wagen der Verbandsbauart für 15 t Ladung von 1911) kaum gegensätzlicher sein. Im übrigen eine meisterhafte Eisenbahnfotografie.

Hollnagel, Hamburg: »In einem Bahnhof im Osten«

57 3246 oder 3248 steht mit französischen O-Wagen in einem Bergwerksbahnhof des Donezbeckens.

H. J. Bandelow, Berlin

Faule Säcke an die Front? Nein, Nachschubtransport auf 600mm-Spur. Die »Heeresverpflegung 1943« wird von einer Brigadelok des Ersten Weltkrieges gebracht, die schon für den Nachschub 1917 zuständig gewesen sein dürfte.

W. Steiner, Berlin: »Verladen von Dromedaren«

Das war vermutlich kein kriegsentscheidender Transport. Er erinnert aber daran, wie weit im Orient die deutschen Truppen im Herbst 1942 standen. Die Wehrmacht hatte die mitteleuropäische Zeit bis an den äußersten Punkt ihrer Eroberungen »mitgenommen«, wo nun um 14 Uhr die Dämmerung einsetzte! Doch schon bald begann der Rückzug …

Rückzug von Stalingrad bis Berlin

Nur in einer militärisch halsbrecherischen Weise war die größte östliche Ausdehnung des deutschen Machtbereichs im Herbst 1942 möglich geworden: Die Flanken der an die Wolga und in den Kaukasus vorgedrungenen Armeen konnten nicht gesichert werden, feste Fronten verliefen am Don und in der Steppe südlich von Stalingrad nicht. Die Fahrlässigkeit dieser Strategie rächte sich sehr bald: Am 22. November gelang der Roten Armee die Abschnürung der 284 000 deutschen und rumänischen Soldaten in der allzu weit vorgeschobenen Position Stalingrad. Hitler untersagte ihren Ausbruch nach Westen. Die versprochene Versorgung der eingekesselten Sechsten Armee auf dem Luftwege erwies sich als völlig ungenügend und brach alsbald völlig zusammen. Und wieder machte von der Ostsee bis zu den Steppen des Südens ein eisiger Winter den deutschen Soldaten schwer zu schaffen. Am 2. Februar 1943 kapitulierten nach schwersten Kämpfen und entsetzlichen Entbehrungen die Reste der deutschen Verbände in Stalingrad. Für 108 000 Deutsche begann nun die Leidenszeit der Gefangenschaft in der Sowjetunion. Bis 1945 sollte sich ihre Zahl auf 3,5 Millionen erhöhen. In sowjetischem Gewahrsam, der für manche bis 1955 dauerte, starben 33 Prozent der deutschen Kriegsgefangenen.

In Deutschland (und in aller Welt) wurde die Tragödie von Stalingrad als deutliches Zeichen für die nun unabwendbare Niederlage des Deutschen Reiches erkannt. Unter schneller Aufgabe aller südsowjetischen

Below, Stettin

Getreu dem Prinzip der »verbrannten Erde« setzte die Wehrmacht beim Rückzug zur nachhaltigen Zerstörung des Oberbaus den »Schienenwolf« ein. Die damit zerstörten Streckenlängen wurden im Rückblick meist überschätzt. Die deutschen Teilrückzüge erfolgten so schnell, daß für das Aufreißen der Gleise keine Zeit blieb. Neben dem abgebildeten Schienenwolf ist eine 52 mit dem Kennzeichen des Bw Minsk G erkennbar.

2

Below, Stettin

Der erste sowjetische Vorstoß über die vor dem Krieg gültig gewesene deutsche Ostgrenze führte im Oktober 1944 bis nach Gumbinnen in Ostpreußen. Am 21. Oktober konnten deutsche Kräfte die Stadt wiedererobern und sie noch einmal genau drei Monate lang halten. In dieser Zeit entstand die Aufnahme mit dem abgeschossenen Panzer T 34 auf der Viehrampe am Bahnübergang Goldaper Straße.

Eroberungen des Jahres 1942 zog sich die Wehrmacht auf eine Frontlinie Orel–Charkow–Taganrog zurück und behielt östlich der Meerenge von Kertsch nur den »Kuban-Brückenkopf«, um eine neue Kaukasus-Offensive nicht gänzlich auszuschließen.

Versuche, wie schon 1942 auch 1943 mit einer Sommeroffensive die Gebietsverluste des Winters auszugleichen, scheiterten vollständig. Der aufwendige Versuch, den »Kursker Frontbogen« zu begradigen, endete mit dem Verlust des Raumes Orel. Unaufhörliche Angriffe überlegener sowjetischer Verbände drängten die deutsche Front mit Ausnahme des nördlichsten Abschnittes ständig weiter zurück. Fast die gesamte Ukraine mit Charkow, Dnjepropetrowsk und Kiew mußte 1943 geräumt werden, die deutsche Besatzung der Krim konnte jetzt nur noch auf dem Seeweg versorgt werden.

Im Januar 1944 wurde auch die Heeresgruppe Nord zum Rückzug fast bis zur alten Ostgrenze Estlands und Lettlands gezwungen. Die 900 Tage währende Belage-

»Beutewagen« 1996

Unzählige Reisende fahren heute mit schnellen Zügen ohne Halt durch den kleinen Bahnhof Georgensgmünd an der Strecke Treuchtlingen–Nürnberg und schenken einem unscheinbaren, seit vielen Jahren abgestellten Güterwagen keinerlei Beachtung. Nur wenige erkennen ihn als stummen Zeugen der Geschichte: Vor mehr als einem halben Jahrhundert war dieser Wagen »im Osten« erbeutet worden, von ukrainischen oder russischen Hilfskräften umgespurt worden und unter der Eigentumsbezeichnung »DR Ru« für die Material- und Menschentransporte der deutschen Besatzungsmacht eingesetzt worden, bis er schließlich im Chaos der letzten Kriegsmonate nach Westdeutschland kam. Von der Deutschen Bundesbahn nicht mehr sehr lange eingesetzt, verbrachte er einen geruhsamen Lebensabend als Lagerraum in dem kleinen mittelfränkischen Bahnhof. Im Dezember 1998 war er verschwunden …

Aufnahme im Juni 1996: Andreas Knipping

rung Leningrads konnte aufgebrochen werden; sie hatte von den 3 Millionen Einwohnern der Stadt fast einem Drittel durch Hunger, Kälte und unmittelbare Kriegseinwirkungen den Tod gebracht.

Im April 1944 vertrieb die Rote Armee die Okkupanten von der Krim und aus Odessa und überschritt die rumänische Grenze. Die Front verlief im Süden nur noch unwesentlich weiter östlich als die Angriffslinie des 22. Juni 1941. Am dritten Jahrestag jenes makabren Datums eröffnete die Sowjetarmee eine Offensive gegen die Heeresgruppe Mitte in Weißrußland. Jetzt waren es die Deutschen, die in einer gigantischen Kesselschlacht aufgerieben wurden. Die Wehrmacht verlor im Juni 1944 pro Tag 10 000 Mann! Minsk, Baranowitschi, Wilna, Kaunas und Lublin wurden im Juli 1944 befreit. Am 1. August 1944 erreichte die Rote Armee die baltische Ostseeküste und schnitt die deutschen Truppen in Kurland ab. In Maidanek betraten die Sowjets das erste Vernichtungslager der Nazis und gaben der Welt Einblick in die unfaßbaren Details des Judenmordes, der allein in diesem Lager eineinhalb Millionen Opfer gefordert hatte.

Im August 1944 wechselte Rumänien unter der unmittelbaren Drohung des sowjetischen Einmarsches die Fronten. Damit wurde der Roten Armee im Süden der Schulterschluß mit den jugoslawischen Partisanen möglich.

Im Norden standen die Russen nun an der Grenze Ostpreußens. Im Oktober 1944 überschritten sie diese Grenze und verbreiteten mit Mord und Vergewalti-

»Beutewagen« 1996

Eine fast verwischte Spur: Vielfach übermalt und nur noch als Relief sichtbar ist das Emblem der Sowjetischen Staatsbahn an diesem in Chomotuv/Komotau in Nordböhmen ohne Fahrgestell als Schuppen dienenden Wagenkasten. Der mit dem ersten Foto des Buches begonnene Kreis hat sich geschlossen.
Aufnahme im Mai 1996: Andreas Knipping

gung an der deutschen Zivilbevölkerung Angst und Schrecken. Weiter nach Süden verlief die Front im Winter 1944/45 quer durch Polen, die Slowakei und Ungarn.

Am 14. Januar 1945 begann eine neue russische Offensive, die zum sofortigen Zusammenbruch der deutschen Ostfront führte. Am 26. Januar erreichte die Rote Armee die westpreußische Ostseeküste und sperrte damit den Landweg von Ostpreußen zum übrigen Reich; am 30. Januar überschritt sie bei Küstrin erstmals die Oder. Die Leiden der im tiefsten Winter überstürzt flüchtenden deutschen Zivilbevölkerung waren unbeschreiblich.

Die letzte halbwegs stabile deutsche Abwehrlinie verlief im Frühjahr 1945 von Pommern entlang der Oder und dem Riesengebirge nach Oberschlesien und weiter an der Ostgrenze Mährens und Österreichs.

Die abschließende Angriffsoperation der Russen begann am 16. April 1945 an der Oderfront und führte innerhalb weniger Tage zur Einschließung und Eroberung Berlins. Am 30. April 1945 hißte ein Sowjetsoldat die Rote Fahne auf dem Reichstag.

Sowjetische Breitspurlokomotiven fuhren nun bis Berlin und Potsdam ins Zentrum des Deutschen Reiches, sowjetische Transportoffiziere leiteten den Eisenbahnbetrieb in weiten Teilen Mitteleuropas zwischen Mecklenburg und der Steiermark, deutsche Männer und Frauen mußten nun mit Schraubenschlüssel und Schienenzange Reichsbahngleise demontieren und zum Abtransport nach Osten verladen, deutsches Personal mußte auf Reichsbahnloks mit kyrillischen Beschriftungen für die Siegermacht fahren. Doch das sind bereits andere Kapitel der deutsch-russischen Geschichte und der Geschichte der militärischen Dienstbarmachung der Eisenbahn.[1]

Die Sammlung enthält nur wenige Fotos aus der Rückzugsphase. An der Dokumentation der Niederlage bestand kein propagandistisches Interesse.

---

[1] Wer hierzu weiterlesen möchte, sei insbesondere verwiesen auf:
Garn, Robin, (Hrsg.), Reichsbahn ohne Reich, Band 1, Berlin 1996 (Lok-Report) und
Reimer, Michael, Meyer, Lothar, Kubitzki, Volkmar, Kolonne, Die Deutsche Reichsbahn im Dienste der Sowjetunion, Stuttgart 1998 (Transpress)

Literaturverzeichnis

1. Allgemeingeschichtliche Werke

Der Krieg gegen die Sowjetunion 1941–1945, herausgegeben von Reinhard Rürup, Berlin 1991 (Argon)

Reitlinger, Gerald, Ein Haus auf Sand gebaut, Hitlers Gewaltpolitik in Rußland 1941–1944, Gütersloh o.J. als deutsche Bertelsmann-Lizenzausgabe der englischen Urfassung, London 1958

Schramm, Percy S., Kriegstagebuch des Oberkommandos der Wehrmacht, 8 Bände, Herrsching 1982 (Pawlak)

2. Eisenbahngeschichtliche Veröffentlichungen

a) Bücher

Ebel, Jürgen U., und Wenzel, Hansjürgen, Die Baureihe 74, Die Geschichte der preußischen T 11 und T 12, Freiburg 1995 (Eisenbahn-Kurier)

Eisenbahnen und Eisenbahner zwischen 1941 und 1945, Dokumentarische Enzyklopädie Band V, Frankfurt (Main) 1973 (Redactor)

Gottwaldt, Alfred B., Kriegslokomotiven, Entstehung und Schicksal der deutschen Lokomotivtypen des Zweiten Weltkrieges, Stuttgart 1970 (Franckh)

ders., Heeresfeldbahnen, Stuttgart 1998 (transpress)

Griebl, Helmut, und Wenzel, Hansjürgen, Geschichte der deutschen Kriegslokomotiven, Wien 1971 (Slezak)

Hahn, Karl-Eugen, Eisenbahner in Krieg und Frieden, Frankfurt a.M. 1954 (Lanzenreiter)

Hesselink, Herman Gijsbert, und Tempel, Norbert, Eisenbahnen im Baltikum, Münster 1996 (Lok-Report)

Heywood, Anthony J., und Button, Ian D. C., Soviet Locomotive Types (The Union Legacy, Malmö 1995 (Stenvall)

Hilberg, Raul, Sonderzüge nach Auschwitz, Mainz 1981 (Dumjahn)

Kreidler, Eugen, Die Eisenbahnen im Machtbereich der Achsenmächte während des Zweiten Weltkrieges, Göttingen 1975 (Musterschmidt)

Moll, Gerhard, und Wenzel, Hansjürgen, Die Baureihe 91 (preußische T 9), Freiburg 1984 (Eisenbahn-Kurier)

Pätzold, Kurt, und Schwarz, Erika, »Auschwitz war für mich nur ein Bahnhof«, Franz Novak – der Transportoffizier Adolf Eichmanns, Berlin 1994 (Metropol)

Pielkalkiewic, Janusz, Die Deutsche Reichsbahn im Zweiten Weltkrieg, 5. Auflage, Stuttgart 1998 (Transpress)

Pokropinski, Bogdan, Parawozy normalnotorowe produkcij polskiej dla PKP i przemyslu, Warszawa 1986 (Komunikacji i Lacznosci)

Pottgiesser, Hans, Die Deutsche Reichsbahn im Ostfeldzug 1939 - 1944, Neckargemünd 1960 (Scharnhorst Buchkameradschaft)

Rakow, Witali Alexandrowitsch, Russische und sowjetische Dampflokomotiven, Berlin 1988 (Transpress)

Ritzau, Hans-Joachim, und Hermann, Erich, Als Eisenbahnpionier im Zweiten Weltkrieg, Pürgen 1988 (Zeit und Eisenbahn)

Sawodny, Wolfgang, Die Panzerzüge des Deutschen Reiches 1904–1945, Freiburg 1996 (Eisenbahn-Kurier)

Scharf, Hans-Wolfgang, Eisenbahnen zwischen Oder und Weichsel – Die Reichsbahn im Osten bis 1945, Freiburg 1981 (Eisenbahn-Kurier)

Slezak, Josef Otto, Breite Spur und weite Strecken, Ein Streifzug durch das Eisenbahnwesen der Sowjetunion, Berlin und Wien 1963 (Transpress und Slezak)

Wenzel, Hansjürgen, Die preußische P 8 – Die Baureihe 38^{10}, Freiburg 1994 (Eisenbahn-Kurier)

ders., Die Baureihe 55, Wuppertal 1976 (Eisenbahn-Kurier)

ders., Die Baureihe 57, Wuppertal 1974 (Eisenbahn-Kurier)

ders., Lokomotiven ziehen in den Krieg, Band 1, Wien 1977 (Slezak)

ders. und Stockklausner, Johann, Lokomotiven ziehen in den Krieg, Band 3, Wien 1980 (Slezak)

Zug der Zeit, Zeit der Züge, deutsche Eisenbahnen 1835–1985, Band 2, Berlin 1985 (Siedler)

b) Artikel und Sonderhefte aus Zeitschriften

Die Geschichte der Baureihe 57.10, Eisenbahn-Kurier Themen Heft 4, Freiburg 1991

Die Reichsbahnzeit, Bahn-Spezial Nr. 4 /1994, München 1994 (GeraNova)

Hirsch, Otto, Vor 40 Jahren: Anschlag auf den Fronturlauberzug Brest–Orel, Eisenbahn-Kurier Heft 9/1983, S. 26

Kollmann, Henning, Die Umspurung in Rußland, Eisenbahn-Kurier Heft 2/1983, S. 17

Rudloff, Hans von, Prof. Dr., Einsatz der Eisenbahnen in Rußland im Winter 1941/42, Eisenbahn-Kurier Heft 3/1998, S. 38

Stockklausner, Johann, Reichsbahndirektion Königsberg/ Bezirke Bialystok und Suwalki, Eisenbahn-Kurier Heft 7/1980, S. 5

Wenzel, Hansjürgen, Bahnbetriebswerke in den besetzten Gebieten am 1. April 1943 – Polen und Sowjetunion, Eisenbahn-Kurier Heft 1/1979, S.17

Ziviler und militärischer Einsatz der Deutschen Reichsbahn

Alfred B. Gottwaldt
Heeresfeldbahnen
Im Ersten Weltkrieg lieferten sie Munition und Verpflegung in die Schützengräben hinter der Westfront, transportierten Truppen und Verwundete. Im Zweiten Weltkrieg spielten sie vor allem im Osten eine Rolle. Doch die Geschichte der Heeresfeldbahnen kennt auch friedliche Zeiten. Viele Fahrzeuge haben überlebt und erfreuen Schmalspurfans in ganz Europa. Mit vielen Dokumenten und authentischen Bildern.
416 Seiten, 356 Bilder, 147 Karten
Bestell-Nr. 70818 **DM 29,80**

Alfred B. Gottwaldt
Reichsbahn-Album 1920-1940
500 Bilder der deutschen Eisenbahn aus den Jahren 1920 bis 1940: Die alte Reichsbahn-Atmosphäre wird noch einmal lebendig – mit fauchenden Dampfloks, historischen Wagen, den Menschen, die bei der DR in Lohn standen und dem pulsierenden Bahnhofsbetrieb.
426 Seiten, 500 Bilder
Bestell-Nr. 70819 **DM 79,–**

Alfred B. Gottwaldt
Stromlinie
»Stromlinie« hieß das Zauberwort der 30er Jahre. Auch die Reichsbahn experimentierte mit der aerodynamischen Form. So zählen etwa die Schnellfahrtype 05 und die Pazifiks der Reihen 01.10 und 03.10. zu den Ahnen von ICE & Co.
296 Seiten, 404 Bilder, davon 8 in Farbe
Bestell-Nr. 70781 **DM 29,80**

Alfred B. Gottwaldt
Deutsche Kriegslokomotiven 1939-1945
Nach massiven Nachschub-Problemen an der Ostfront startete man das größte Lokomotivbau-Programm der Geschichte. Den Fabriken fehlten indes Rohstoffe und Personal. Hier steht, wie diese Herkules-Aufgabe gemeistert wurde.
152 Seiten, 120 Bilder
Bestell-Nr. 71032 **DM 29,80**

Janusz Piekalkiewicz
Die Deutsche Reichsbahn im Zweiten Weltkrieg
Hunderttausende der blau und feldgrau uniformierten Eisenbahner schufteten unter bisweilen unvorstellbaren Bedingungen, damit die Räder rollen konnten. Doch ihre Leistung verzeichnet kaum eine Chronik.
196 Seiten, 246 Bilder
Bestell-Nr. 70812 **DM 19,80**

Wolfgang Klee
Die Kanonenbahn Berlin – Metz
Nach dem Krieg 1870/71 entstand die »Kanonenbahn«. Die Verbindung entpuppte sich jedoch schon bald als Rohrkrepierer. Teile der Bahn existieren heute noch. Doch zwischen Berlin und dem Westen rauscht nun der ICE.
144 Seiten, 158 Bilder, davon 48 in Farbe
Bestell-Nr. 71082 **DM 39,80**

Michael Reimer
Kolonne
Neben Loks wurden Gleise, Fahrleitungen und ganze Industrieanlagen aus der ehemaligen DDR in die Sowjetunion abtransportiert. Wie die Güter in die UdSSR gelangten und unter welchen Bedingungen die Betroffenen arbeiten mußten, lag lange Zeit im Dunkel der Geschichte.
144 Seiten, 96 Bilder
Bestell-Nr. 71080 **DM 39,80**

trans press

IHR VERLAG FÜR
EISENBAHN-BÜCHER

Postfach 10 37 43 · 70032 Stuttgart
Telefon (0711) 2108065 · Telefax (0711) 2108070